本书得到了法国开发署、法国全球环境基金的技术援助，以及“中法农村CDM开发试点与能力建设项目”的资助，不得视为反映了法国全球环境基金、法国开发署的观点。

This publication has been produced with the technical assistance of the French Global Environment Facility (FFEM) and French Development Agency (AFD), and the financial assistance from “Rural Carbon” Development and Capacity Building Project. The content of this publication can in no way be taken to reflect the official opinion of the FFEM or of the AFD.

Guidelines for the Development of Bamboo Carbon Project in China

中国竹林碳汇项目开发指南

郭日生　彭斯震　◎主　编
常　影　张小全　谢　茜　◎副主编

科学出版社
北　京

内 容 简 介

在“中法农村 CDM 开发试点与能力建设项目”支持下，项目组编写本书。本书介绍了中国竹类资源与开发潜力，林业碳汇项目与竹林固碳能力，自愿减排（VER）市场及碳汇项目开发标准，竹林碳汇项目的开发、运行和管理，竹林碳汇的计量和监测方法等内容，并通过具体案例加以了详细说明。

本书可供广大从事低碳发展、农林碳汇等相关工作的政府、科研和项目开发人员参考使用。

图书在版编目(CIP)数据

中国竹林碳汇项目开发指南／郭日生，彭斯震主编．—北京：科学出版社，2013

ISBN 978-7-03-037579-7

Ⅰ．中… Ⅱ．①郭…②彭… Ⅲ．竹林-二氧化碳-资源开发-项目-中国-指南 Ⅳ．S795-62

中国版本图书馆 CIP 数据核字(2013)第 110769 号

责任编辑：李 敏 刘 超／责任校对：胡小洁
责任印制：钱玉芬／封面设计：王 浩

科学出版社 出版
北京东黄城根北街 16 号
邮政编码：100717
http://www.sciencep.com

北京凌奇印刷有限责任公司 印刷
科学出版社发行 各地新华书店经销

*

2013 年 6 月第 一 版 开本：787×1092 1/16
2013 年 6 月第一次印刷 印张：10 3/4 插页：2
字数：300 000

POD定价： 68.00元
(如有印装质量问题，我社负责调换)

《中国竹林碳汇项目开发指南》
编写委员会

主　　编　郭日生　彭斯震

副 主 编　常　影　张小全　谢　茜

编写人员（按照姓氏笔画排序）

王小李　王文燕　刘　聪　谷建龙

沈　琦　张小全　陈先刚　陈华栋

周　斌　郑　丽　秦　媛　栾　芸

郭日生　唐　艳　常　影　彭斯震

董燕萍　谢　茜　Ariane Ducreux

前言 Preface

森林和湿地是全球生态系统中最重要的有机碳库。森林固碳较工业直接减排而言成本较低，同时森林对涵养水源、防风固沙、保护物种、维护生态平衡具有重要的作用，还能为人类提供众多的林产品和林副产品，增加社会就业，促进经济发展。近年来，林业在应对气候变化中的特殊地位和作用越来越重要。林业作为生态建设的重点领域，在发挥森林生态效益的同时，也扮演着固碳增汇、节能环保的重要角色，已成为我国气候变化领域内政外交的重要举措。竹林作为森林的一种，作为碳汇项目开发既有共性也有其不同的特点。

在法国全球环境基金、法国开发署的资助下，中国 21 世纪议程管理中心组织实施了“中法农村清洁发展机制（CDM）开发试点与能力建设项目”（Rural Carbon Development and Capacity Building Project）。项目总体目标是利用 CDM 和自愿减排机制，促进我国西南农村地区的碳减排和可持续发展。法国开发署、法国全球环境基金提供 100 万欧元的赠款，执行期为 2010 年 11 月至 2013 年 11 月，共三年。

在法方专家和中方专家的指导下，项目组成员开展了云南西双版纳竹林造林项目及熊猫标准方法学开发、云南农村户用沼气小型黄金标准项目开发、四川户用沼气规划类清洁发展机制叠加黄金标准项目开发以及相关的能力建设等工作，取得了一定的成果。为了让更多利益相关方分享这些实践经验，中国 21 世纪议程管理中心对相关知识进行了梳理并对西双版纳竹林造林项目的开发过程进行了总结，希望从实践层面上，对中国竹林碳汇项目开发起到一定借鉴作用。

本书共分为 6 章，第 1 章和第 2 章介绍了中国竹类资源的特点、开发潜力以及林业碳汇项目的概念、类型和中国竹林碳汇的潜力，第 3 章和第 4 章详细介绍了 VER 市场的相关机制及碳汇项目开发标准，竹林碳汇项目的开发、运行和管理流程，项目筛选的方法和利益相关方；第 5 章重点介绍了竹林碳汇的计量和监测方法；第 6 章以云南西双版纳竹林造林项目为例，介绍了竹林碳汇项目的开发与实践。

本书的编写得到了法国全球环境基金、法国开发署、大自然保护协会、北京环境交易所、清华大学、云南省 CDM 中心等机构的支持和协助，在此一并表示感谢。

书中不足和疏漏之处在所难免，欢迎读者批评指正。

编　者

2013 年 6 月

目　录 CONTENTS

目　录 CONTENTS

第 1 章
Chapter 1

中国竹类资源与开发潜力

1.1 中国竹类资源及分布特点

世界有竹类植物七十余属，一千二百余种，主要分布于热带和亚热带地区，少数种类分布于温带和寒带。由国际竹藤组织（INBAR）、联合国环境规划署（UNEP）、联合国粮食及农业组织（FAO）、中国及其他 INBAR 成员国合作开展的全球首次竹资源评价于 2005 年完成。来自亚洲、南美洲、非洲的 22 个主要产竹国提交了以全球森林资源评价框架为基础的竹资源国家报告。根据该报告，全球竹林面积约 8879 万 hm^2，非洲（AF）、亚太地区（AO）和拉丁美洲（LAC）竹林面积比例分别为 30%、39% 和 31%。全球竹林面积为森林面积的 3.9%，三大竹产区的竹林面积分别为各洲森林面积的 4.1%、4.4% 和 3.2%（吴君琦，2009）。据统计，中国有竹类植物 35 属，近 400 种，主要分布于北纬 40°以南地区（江泽慧，2002）。中国竹文化历史悠久，是世界上竹类分布最广、资源最丰富、利用最早的国家之一，素有“竹子王国”之美誉。根据中国第七次森林资源清查报告，全国竹林面积 538.10 万 hm^2，其中毛竹林 386.83 万 hm^2，其他竹林 151.27 万 hm^2；竹林株数 829.00 亿株，其中毛竹种 91.57 亿株，其他竹种 737.43 亿株。毛竹林平均每公顷株数 1969 株，平均胸径 8.8cm。竹林分布在 19 个省（自治区、直辖市），其中竹林面积 30 万 hm^2 以上的有福建、江西、浙江、湖南、四川、广东、安徽、广西等 8 省（自治区），合计占全国的 88.64%。按竹林资源权属构成分类，国有竹林面积为 24.26 万 hm^2，占 4.51%；集体竹林面积为 104.18 万 hm^2，占 19.36%；个体竹林面积为 409.66 万 hm^2，占 76.13%（国家林业局，2009）。中国竹林面积从第一次森林资源清查（1973~1976 年）的 304.00 万 hm^2 增加到第七次清查（2004~2008 年）的 538.10 万 hm^2（未计入台湾地区数据，下同），增长了 119%，竹林占全国有林地面积的比例由 2.87% 增加到 2.97%（图 1-1）。

由于各地气候、土壤和地形等变化和竹种生物学特性的差异，我国竹类分布具有明显的地带性和区域性。一般可分为 4 个分布区：①黄河—长江竹区，位于北纬 30°~40°，年平均温度为 12~17℃，年降水量为 600~1200mm。主要有刚竹属、苦竹属、箭竹属、赤竹属、青篱竹属、巴山木竹属等属的一些竹种。②长江—南岭竹区，位于北纬 25°~30°，年平均温度为 15~20℃，年降水量为1200～2000mm。本区为中国竹林面积最大、资源最丰富地区，其中毛竹林面积为280万hm^2。主要有刚竹属、苦竹属、短穗竹属、大节竹属、慈竹属、方竹属等属的一些竹种。③华南竹区，位于北纬10°～20°，年平均温度为20～22℃，年降水量为1200～2000mm以上。本区是中国竹种数量较多的地区，主要有簕竹属、牡竹属、酸竹属、藤竹属、巨竹属、单竹属、茶秆竹属、泡竹属、薄竹属、梨竹属等属竹种。④西南高山竹区，位于西部海拔1000～3000m的高山地带，年平均温度为8～12℃，降水量为800～1000mm。本区是原始竹丛，也是大熊猫、金丝猴等珍贵动物的分布区，主要有方竹属、箭竹属、筇竹属、玉山竹属、慈竹属等属竹种（江泽慧，2002）。

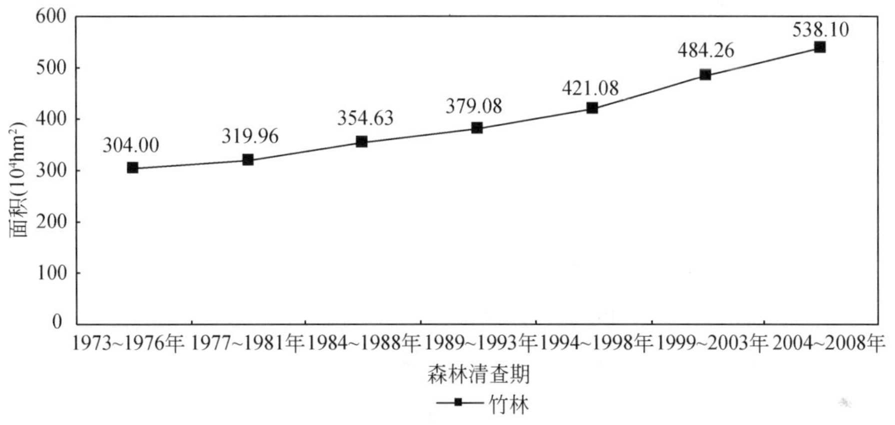

图1-1　历次中国森林资源清查中的竹林面积

1.2　竹类植物的生长繁殖

1.2.1　竹子的适生条件

在竹子成片分布的范围内，南北气候差异的幅度相当大。年平均气温为12～22℃，1月平均温度为-2～10℃，极端最低气温为-20～2℃，年降水量为500～2000mm；年平均相对湿度为65%～80%。在竹子分布的北缘地带，年降水量少而集中，干旱期长，蒸发量大，冬季寒冷而风大。在这样的气候条件下，能适应生长的竹种不多，主要是些散生型和混生型的竹种。这些竹种的地下茎入土较深，鞭根和笋芽得到较好的保护，而且春季出笋，当年入冬前已经相当老化，对于干、寒的气候具有较强的适应能力。从北到南，温度渐增，雨量渐多，湿度渐高，这些因子形成的气候环境，对竹子的分布和生长提供了优越的条件。而且竹子的种类和数量不断地增加，竹林的组成和结构也发生相应的变化，从散生竹到丛生竹，从稀疏散生到密集丛生。事实上，大多数丛生竹的地下茎入土较浅，竹子的部分秆基及芽眼经常露出地面，加以春秋出笋，当年新竹的木质化程度较差，经不起寒冷和干燥的环境条件，在纬度较高的北方生长受到限制。同一类型的竹子对气候的适应也有明显差异。例如在丛生型的慈竹属中，慈竹能耐一定的低温干燥气候，分布可达陕西南部；吊丝球竹次之，主要分布在广东、广西；大麻竹以云南省的西南部为其分布的北限。

同样，在垂直分布上竹子对环境条件的适应也是如此。在温度较低的高海拔地区，没有丛生竹生长，只有散生竹或者混生竹生长。一般来说，有竹子分布的丘陵山区的气候条件，比之于邻近平原地区，总是温度较低、降雨量和相对湿度较高，竹子垂直分布上限的气温常常低于其水平分布北界的气温。

竹子根系密集，竹秆生长快，生长量大，蒸腾作用强，既需要充裕的水分条件，又不耐积水淹浸，故对土壤的要求高于一般树种，适合竹子生长的土壤条件是：①土层较深，含有较多的有机质和矿质营养；②有良好的机械组成和物理性质，如孔隙性、透气度、持水能力和吸收能力等；③pH4.5～7.0。壤土具有良好的理化性质，是竹子生长的最好土壤，沙壤土和黏壤土次之，重壤土和石砾土最差。干燥的沙荒地带，含盐量在0.1%以上的盐渍地或低洼积水和地下水位过高的地方，没有竹子生长（周芳纯，1998）。

1.2.2 竹类植物生长繁殖的特点

1）竹类植物的营养器官有秆、枝、叶、箨、笋、地下茎（鞭、根），繁殖器官有花、果实、种子等。地表分散的竹秆，与地下的竹鞭连成一体，鞭生笋、笋成竹、竹养鞭，周而复始，繁衍发展，形成竹林。所以，一片竹林可以看作为一株“竹树”，地下茎（竹鞭）是“竹树”的主干；竹秆是“竹树”的主枝。

2）竹类植物是种子植物，靠开花结实，用种子繁衍后代。但是，竹类植物营养生长期较长，一般要几十年或者几百年。多数竹种是1次开花的植物，竹子开花后，竹株枯死，竹林衰败。

3）竹类植物的秆、枝、鞭上有节。生长时每个节上具有节间分生组织。所以，竹秆的高度生长和竹鞭的长度生长十分迅速。

4）竹类植物生长具有明显的节律性。竹类植物的秆、枝、叶、箨、笋、鞭、根等器官的生长，也都具有明显的节律性。

5）竹类植物的营养生长和无性繁殖能力较强，只要按照竹子生长发育规律，实行科学经营管理，合理砍伐利用，竹林就可以不断地无形复壮（周芳纯，1998）。

1.2.3 竹类植物的个体生长

人们认识竹类植物生长是从其个体生长开始的。竹类植物的个体生长是指该个体从细胞分化、植株长成，直至衰老死亡的过程，其生长活动体现在竹秆、竹枝、竹叶、竹根、地下茎等器官的生长。

1.2.3.1 地下茎生长

竹类植物地下茎是竹株相互连接进行物质、能量交换的重要器官，它有三种类型，即单轴型、合轴型和复轴型。但就地下茎功能及其与竹林群体更新生长的关系而言，单轴型地下茎较合轴型及复轴型地下茎更显得重要。

（1）单轴型地下茎

单轴型地下茎具节，节上生芽，芽是新竹秆和新地下茎形成的器官；地下茎能在土壤中横向蔓延较长的距离，因此又是竹林延伸扩展、维系竹林稳定的器官。具单轴型地下茎的竹类植物有 15 个属，其中 14 个属的两千余个竹种原产于中国，竹林面积达三百余万公顷；有二十余个竹种是目前主要的经济栽培竹种，其中毛竹面积最大，约占 80%。单轴型地下茎状如鞭，竹鞭的延伸生长活动包括延长生长、年动态生长、横向生长、更新生长以及竹鞭生长与鞭-竹系统生长，竹鞭的抽鞭发笋能力与竹鞭的年龄及生长状况关系极为密切。竹鞭年龄不同，其生长发育程度、生活力强弱、贮存养分数量等方面都存在着差异，故抽鞭发笋的能力是不相同的。其中 3～6 年的壮龄鞭，组织充实，内含物丰富，根系发达，生活力强，侧芽成熟，膨大肥壮，壮芽数量多，因此抽鞭发笋多质量好，竹林中80%以上的竹笋和新鞭是由壮龄鞭抽发的。

(2) 合轴型地下茎

合轴型地下茎实际上由竹秆的秆基和秆柄构成。秆柄细小节多，无根无芽，通常较短，不像单轴型竹鞭能长距离地下生长。同一竹种芽眼的大小和萌发能力与芽眼着生部位、竹秆年龄等有关，分布在秆基中下部的芽眼较上部位充实饱满，生活力强，萌发率高，萌发也较早，笋体肥大；着生在秆基上部尤其是露出地面的芽眼瘦小，生活力弱，萌发率不高，笋体细小。

(3) 复轴型地下茎

复轴型地下茎既有横走地下的竹鞭又有肥大短缩的合轴型地下茎，也即在同一鞭-竹系统中并存有单轴型和合轴型地下茎。复轴型地下茎由秆基芽眼长出能在地下横走长距离的竹鞭，竹鞭上的成熟侧芽萌发成竹或新的竹鞭，新竹秆秆基上的芽眼萌发成合轴型的地下茎。

1.2.3.2 竹秆生长

竹秆生长系指从笋芽分化开始到新竹长成，进入竹秆材质生长，直至竹秆老化衰亡的过程。竹秆生长规律因竹种不同而有差异，但是它们有着许多相同或者相似之处。

(1) 散生竹竹秆的生长

散生竹是指单轴型地下茎即竹鞭节上侧芽萌发出土所长成之竹，这些竹散生在林地上。典型的散生竹如毛竹竹秆生长可划分为3个阶段，即竹笋的地下生长、竹笋—幼竹的生长（竹子秆形生长）和成竹生长（竹秆材质生长）。①竹笋的地下生长。笋芽分化、竹笋形成、竹笋膨大生长是在土壤中进行的，故称竹笋的地下生长。散生竹竹笋地下生长起止的时间及其长短因竹种不同而异。②竹笋—幼竹的生长。竹笋只是竹秆的雏形，从竹笋出土生长到新竹抽枝展叶，是竹秆形态建设阶段，即秆形生长阶段。竹笋在土中生长时期，经过顶端分生组织不断地细胞分裂、分化、形成节、节间、节隔、笋箨和居间分生组织，到出土前全笋（也是全株竹）的节数已定，出土后不再增加。竹笋生长从基部节开始，先是笋箨生长，继而节间分生组织逐节分裂伸长，推动竹笋移动，破土而出，直至高生长停止。③成竹生长。幼竹形成后，秆形生长结束，由于竹子无次生形成层组织，在以后的生命活动中，它的高度和粗度不再增加。幼竹形成后即进入材质生长阶段，竹子重量生长仍在进行，幼竹组织幼嫩，含水量高，干物质少，仅相当于成熟竹秆的40%左右。

（2）从生竹竹秆的生长

从生竹种由于遗传因子的作用，它的秆形生长活动与散生竹种有明显差异，但也有基本相似之处。从生竹从芽眼萌发生长到整个竹株长成的过程，也是首先通过芽的顶端分生组织的分裂分化，形成节和节间分生组织，再经各节间分生组织的细胞分裂分化、伸长加大和成熟老化等几个阶段完成节间生长。

（3）混生竹竹秆的生长

混生竹秆基节较长，竹根较少，弯曲度小，两侧有芽眼2～6个。在土壤肥沃的条件下，生长良好的竹林主要靠竹鞭上的芽孢进行繁殖更新，萌芽长成新的竹秆，所长出的竹秆稀疏散生，很少密集成丛，表现出与散生竹竹林相同的特性。在贫瘠的土壤条件下或者林分受到严重损害时，秆基的芽眼则很少萌发长鞭，而是萌发抽笋长出成丛竹秆，呈现从生竹基本特征（江泽慧，2002）。

1.3 中国竹类资源的利用与发展潜力

竹林四季常青、鞭根发达、生长速度快、繁殖能力强，具有很高的生态、经济和文化价值。竹林具有涵养水源、保持水土、调节气候、净化空气、减少噪声方面的功能；竹材作为木材的替代和补充材料，广泛用于建筑、交通、造纸、家具和工艺品制造等诸多领域，竹笋还是人们烹饪佳肴的膳食材料；竹子在中国文字艺术、绘画艺术、工艺美术、园林艺术、民俗文化的传承和发展中起着重要的作用（国家林业局，2009）。

发展竹产业对缓解木材供应的压力具有十分重要的意义。竹子在加工性能上是与木材不分伯仲的同类原料，其纤维的含量以及韧性超过木材，在板材加工、家具制造、造纸等传统应用木材的行业上有很大的利用潜力（张齐生，1995）。目前全球的竹产业已发展成为一个与约 25 亿人的生产生活密切相关、年贸易额超过 85 亿美元的产业。如此规模的产业必须要有丰富的自然资源和相对先进的营林及加工利用技术作为其可靠的后盾（任明亮和宋维明，2008）。

1.3.1 中国竹类资源的利用现状

中国竹产业研究可以划分为两个阶段：第一阶段是 1975 年前，属于无重点针对性，只是部分地区和学者开展的零星研究；第二阶段是 1975 年后，随着木材供给压力增大，政府开始重视与支持，自此中国竹产业研究开始蓬勃发展（任明亮和宋维明，2008）。目前，中国的竹产品大致可分为传统竹制品、竹材人造板、竹笋加工品、竹浆造纸、竹纤维制品、竹炭和竹醋液、竹叶有效成分提取物等 7 大类，共两千多个品种。另外，竹林的生态效益越来越受到重视，开展竹林生态旅游，接受竹文化的熏陶，也是当今人们生态文化需求的重要内容（李智勇等，2005）。

1.3.1.1 传统竹制品

中国用原竹制造家具历史悠久，竹材家具风格古朴、清新高雅，广泛用于宾馆、饭店和酒店。竹编、竹雕、竹乐器、竹制日用品和手工艺品等是中国传统的竹制品，不仅在国内有着巨大的市场，而且以其鲜明的民族文化特色和物美价廉的优势，享誉国际市场，在出口竹产品中占有相当大的比例（李智勇等，2005）。近年来，有学者提出了开发竹材家具在造型特征、材料特征和制作工艺上都是可行且必要的，发展中国竹材家具是顺应家具工业、木材工业、竹材工业发展需求的（任明亮和宋维明，2008）。将木质板式家具的概念引入竹材家具的设计制造，生产出可拆装的竹层积材板式家具，具款式新颖、贮存运输方便、成本低廉等优势，具有广阔的发展前景。

1.3.1.2 竹材人造板

对竹子的各项性能以及实际产品的研究表明，竹材可成为制造定向刨花板（OSB）的一种新原料（糜嘉平，1999），作为高档的混凝土模板在工艺和成本上也具有相当的优势。同时开展重组竹的开发，可以改变目前竹材胶合板生产以大径毛竹为原料、竹材利用率低的现状，有效节约资源，为小径级竹、竹材加工下脚料的高效工业化利用，开辟出一条新的途径（李琴等，2001）。目前中国已经成功开发出竹材胶合板、竹编胶合板、竹篾层压板、竹木复合板、竹材集成地板、竹材碎料板、竹胶合水泥模板等几十种以竹材为主要原料的竹材工业产品，主要用于家具制造、车厢底板、混凝土模板、建筑材料、室内装饰装修等，年产量已达 150 万 m^3。产品不仅受到国内市场的欢迎，而且远销欧美和日本。如浙江杭州大庄地板厂生产的薄型竹天花板已成功用于西班牙马德里国际机场候机楼（李智勇等，2005）。

1.3.1.3 竹笋加工品

竹笋加工业曾经是中国竹产业中十分重要的支撑部分，竹子的化学组成中不含有毒物质，符合食品对原料化学成分的严格要求，是营养价值很高的天然绿色食品，不仅得到国人的喜爱，而且也受到西欧和北美等地人民的青睐，国内外市场逐年扩大。截至 2005 年，中国竹笋罐头制品年生产量达 25 万 t，成为世界最大的竹笋加工销售基地。近年来鲜笋干、盐水笋干、干笋干、罐头笋干等竹笋加工品的出口量快速增长，在整个竹产品出口中所占的比例越来越大（李智勇等，2005）。

1.3.1.4 竹浆造纸

从对竹子的化学成分含量、纤维形态特征和制浆造纸性能等方面的大量分析研究表明，竹子是优良的制浆造纸材料，可以替代部分木材原料，对于弥补制浆造纸植物纤维原料资源严重短缺具有重大的意义（唐永裕，1999；江泽慧，2002；金艳春，2003）。中国是世界上仅次于美国的第二大纸品消费国，各类纸和纸制品的消费量占世界纸消费总量的 14% 以上。同时，中国也是世界上最大的纸贸易净进口国，每年用于进口纸及纸板、纸浆、废纸、纸制品的外汇高达七十多亿美元，排在石油、钢材之后的第三位。我国造纸业所用的纸浆中木浆所占的比例仅为 12.2% ，发挥竹子生产大国的优势，利用竹材作为“第二木材”造纸，对进一步推动中国造纸业发展和竹材工业化利用都具有十分重要的意义。中国目前竹材制浆的设计能力为 100 万 t，实际年产竹纸浆只有40万t，而纸浆缺口却高达1000万t，发展竹浆造纸有着广阔的前景（李智勇等，2005）。

1.3.1.5 竹纤维制品

中国学者通过试验详细对比了竹纤维与棉纤维的性能，指出竹纤维针织物的透气性、悬垂性、褶皱恢复性能具有与棉针织物相同性能，抗起毛球性能稍逊于棉纤维织物（陶丽珍，2005）。初步探索了织物体积重量与导热性能的关系，明确了竹纤维在纺织、经济墙板、造纸、竹碳纤维、竹纤维与玻璃纤维复合材料等领域的应用具有很好的经济效益和社会效益，具有极大的发展前景（陶丽珍，2005；林冠烽，2007）。提出了走竹纤维与其他天然纤维的混合纺织的路线（杨中开，2005）。新鲜的竹材经高温软化可制成纺织用竹纤维。这种纤维中空，透气性好，与麻、丝、毛等混纺后，可大大改善纯纺织品的性能。这是我国继大豆蛋白纤维后的又一项具有自主知识产权的纺织用材料，具有很好的预期效益。采用特殊技术制成的竹碳纤维，不仅可吸附异味，而且有抗菌、排汗、吸湿功能，市场潜力巨大（李智勇，2005）。

1.3.1.6 竹炭及竹醋液

竹炭与竹醋液是竹产业链中居于精深加工的一环，用于燃料、空气净化与湿度调节、净化水、土壤改良、保鲜、卫生保健、屏蔽电磁波、工艺品制作等领域具有广阔前景（张文标，2003；蒋新龙，2004），是实现竹产业循环经济的重要环节，其发展可以充分利用竹材资源、促进竹业健康发展，延伸竹产业链，提高产品附加值（蔡薇和胡丹婷，2006）。竹炭具有较大的比表面积，吸附力强，对水和空气具有良好的净化作用，对环境湿度也具有很好的调节作用。竹炭内含钙、镁、铝、钾等多种微量元素，在保健品和抗静电产品等方面得到了很好的应用。竹炭经活化后吸附功能更加突出，可从气体和溶液中吸附色素和杂质，还可作为催化剂和催化剂载体，在食品、制药、化学、冶金和国防工业等领域广泛应用，竹质活性炭作为新材料在高新技术领域也具有重要的开发前景。中国的竹炭产品不仅在国内市场，而且在日本和韩国均受到欢迎。竹醋液是竹炭烧制过程中产生的一种茶褐色液体副产品，含有多种化学成分和生物活性物质，具有除臭、杀菌和促进植物生长等功效，在农药、医药、保健和环境卫生等领域具有非常广阔的应用前景（李智勇等，2005）。

1.3.1.7 竹叶有效成分提取物

竹叶抽提物中含有黄酮类及其萜类、活性多糖类、特种氨基酸及其衍生物等与人体生命活动有关的化合物；含有锰、锌、硒、锗、硅等多种能活化人体细胞的元素，以及以醛、醇为主的芳香成分等。含有多种复合成分的竹叶抽提物，有着显著的抗氧化性能、防腐性能和抑菌性能（陆志科和谢碧霞，2003）。目前，竹叶黄酮保健药品、竹叶啤酒和竹叶饮料已上市，受到国内外的广泛关注。

1.3.2 中国竹类资源利用发展潜力

目前中国竹产业正处于高速发展时期，规模和水平均处于国际领先地位，形成了较为完善的产业体系，成为林业中最具国际竞争力的产业之一。在中国东部和南部地区，竹产业已经成为区域经济强劲增长点（国家林业局，2008）。丰富的竹类资源不仅为中国的传统竹产业奠定基础，也为新兴的竹材工业化利用提供了广阔的发展空间。目前，竹产业与花卉业、森林旅游业、森林食品业一起，成为中国林业发展中的四大朝阳产业。中国竹产业产值 1981 年仅有四亿多元，2000 年则达到 200 亿元，2006 年达 660 亿元，2009 年竹产业产值达 700 亿元，出口创汇 15 亿美元，2011 年竹产业产值达 900 亿元，并以每年 22.86% 的速度高速增长（窦营，2011）（图 1-2）。

中国是世界上最大的竹笋生产国和出口国，水煮笋是中国重点的大宗出口农产品之一。浙江、福建是最主要的水煮笋出口加工基地。浙江临安是中国竹笋生产、加工和销售的集散中心，每年有 70% 左右的竹笋产品销往日本，年出口创汇在 5000 万美元左右。

中国竹地板年产销量已达三千多万立方米，70% 以上输出到欧美、日本等国家和地区（图 1-3）。2003 年，中国杭州大庄公司（DISCO）生产的 23 万 m^2 的竹制防火天花板在马德里国际机场应用，引起世界瞩目。随后美国克林顿图书馆、欧洲耐克球场、东京东武百货、宝马展厅、欧洲 IBM 总部都使用了中国制造的竹地板。2005 年宝马汽车开始用中国进口的刨切薄竹用于汽车内饰

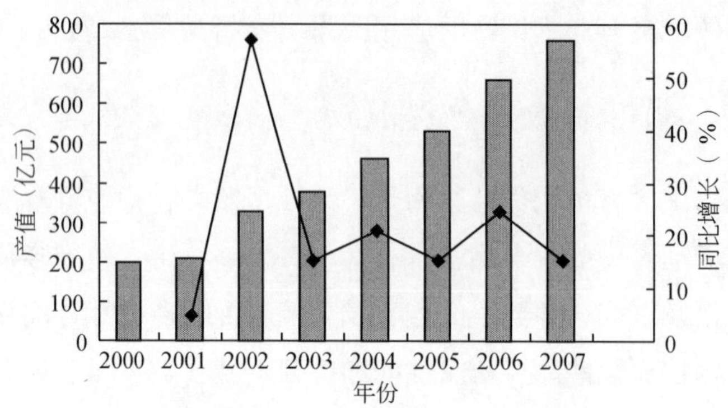

图 1-2　2000～2007 年中国竹产业产值及同比增长

资料来源：吴君琦，2009

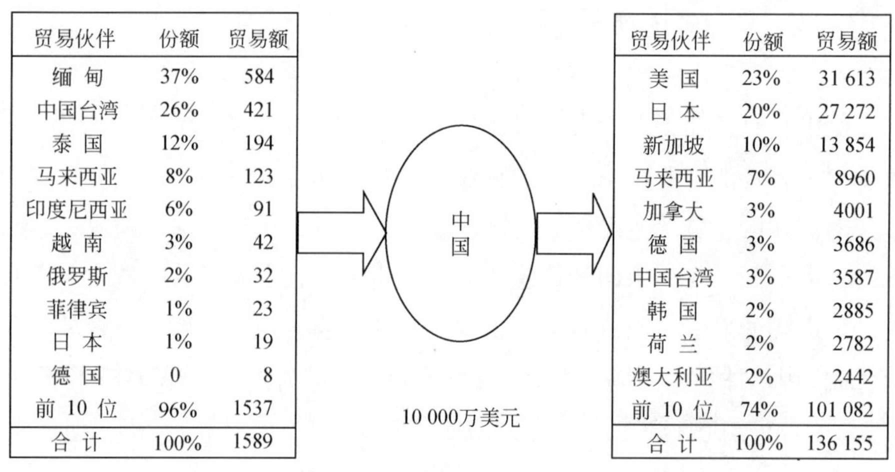

贸易伙伴	份额	贸易额
缅 甸	37%	584
中国台湾	26%	421
泰 国	12%	194
马来西亚	8%	123
印度尼西亚	6%	91
越 南	3%	42
俄罗斯	2%	32
菲律宾	1%	23
日 本	1%	19
德 国	0	8
前 10 位	96%	1537
合 计	100%	1589

贸易伙伴	份额	贸易额
美 国	23%	31 613
日 本	20%	27 272
新加坡	10%	13 854
马来西亚	7%	8960
加拿大	3%	4001
德 国	3%	3686
中国台湾	3%	3587
韩 国	2%	2885
荷 兰	2%	2782
澳大利亚	2%	2442
前 10 位	74%	101 082
合 计	100%	136 155

图 1-3　2008 年中国竹产品输入—输出贸易主要伙伴

资料来源：吴君琦，2009

＊因原始数据统计问题，数据加和可能不为 100%

贴面，引领汽车内饰贴面板采用环保竹材材料的潮流。2006 年大庄公司与英国剑桥大学合作研发了用于风力发电的风车轮的竹板页面，竹材利用进入能源领域（李霞镇，2008）。

Lyocell 纤维由欧洲 Courtaulds 公司和 Lenzing 公司相继开发成功，具有高强度、高湿模量和优良的尺寸稳定性，被誉为“21 世纪的绿色纤维”。目前竹纤维最大生产商是河北吉藁为龙头成立的“天竹产业联盟”，拥有生产厂商四十多家，还有围绕其核心运转的松散型企业两百多家。河北吉藁化纤有限公司竹纤维产量以 68% 的年增长速率增长，产量已超过国内总产量的 70%，是国内最大的竹纤维生产企业，为国内大型纺织企业提供优质的原料。目前，天然竹纤维及其制品所具有的抗菌、除臭以及会呼吸等优良性能已显示出其潜在的开发价值，将成为竹纤维产业今后发展的主要方向。

竹子纤维素含量高，纤维细长结实，可塑性好，纤维长度介于阔叶木和针叶木之间，是除木材之外最好的造纸原料，适宜于制造中高档纸，可以替代部分木材原料。目前，中国竹材制浆造纸主要企业有四川宜宾纸业集团、雅安中竹纸业、广西柳江造纸、广东鼎丰纸业等。2010 年以后以造纸林基地配套建设制浆能力 1760 万 t，其中竹浆能力 395 万 t；竹浆发展布局重点是东南沿海地区和西南地区。

参 考 文 献

蔡薇，胡丹婷 . 2006. 竹炭在竹子产业链中的重要性 . 林业经济问题，26（3）：253-256.

窦营，余学军，岩松 . 2011. 中国竹子资源的开发利用现状与发展对策 . 中国农业资源与区划，32（5）：65-70.

国家林业局 . 2008. 2008 中国林业发展报告 . 北京：中国林业出版社 .

国家林业局 . 2009. 中国森林资源报告 . 北京：中国林业出版社 .

江泽慧 . 2002. 世界竹藤 . 沈阳：辽宁科学技术出版社 .

蒋新龙 . 2004. 竹醋液的生产及其应用 . 竹子研究汇刊，23（3）：34-37.

金艳春 . 2003. 试论我国造纸原料结构调整的必要性和竹材造纸的发展前景 . 林业科技，28（4）：38-38，42.

李琴，华锡奇 . 2001. 重组竹发展前景展望 . 竹子研究汇刊，20（1）：76-80.

李霞镇，任海青，徐明等 . 2008. 中国竹业概况及发展建议 . 世界竹藤通讯，6（4）：1-4.

李智勇，王登举，樊宝敏 . 2005. 中国竹产业发展现状及其政策分析 . 北京林业大学学报（社会科学版），4（4）：50-54.

林冠烽，程捷，黄彪 . 2007. 竹纤维的开发和应用 . 亚热带农业研究，3（1）：69-72.

陆志科，谢碧霞 . 2003. 竹叶化学成分的分析与资源的开发利用 . 林业科技开发，17（1）：6-9.

麋嘉平 . 1999. 我国新型模板的发展动向 . 建筑技术，30（8）：546-549.

任明亮，宋维明 . 2008. 国内外竹产业研究的现状与未来 . 林业经济（6）：33-37.

唐永裕 . 1999. 我国竹材加工工业的现状及发展 . 竹子研究汇刊，18（4）：5-10.

陶丽珍 . 2005. 竹原纤维混纺纱强伸性能与混纺比的关系 . 棉纺织技术，33（6）：30-33.

吴君琦 . 2009. 基于国际贸易的中国竹产业竞争力研究 . 北京：中国林业科学研究院 .

杨中开，等 . 2005. 服用竹原纤维化学组成及其抗菌性能初步研究 . 中国麻业，27（6）：319-321.

张齐生 . 1995. 中国竹材工业化利用 . 北京：中国林业出版社 .
张文标，王伟龙，邵千均，等 . 2003. 竹炭生产工艺的现状与建议 . 竹子研究汇刊，22（1）：8-12.
周芳纯 . 1998. 竹林培育学 . 北京：中国林业出版社 .

第 2 章
Chapter 2

林业碳汇项目与竹林固碳能力

2.1 林业碳汇项目的基本概念和类型

2.1.1 林业碳汇项目的基本概念

碳汇是指从大气中清除温室气体的过程、活动或机制。主要是指植物通过光合作用吸收大气中的二氧化碳并将其固定在植被或土壤中，从而减少该气体在大气中的浓度。而与之相对的碳源则是指向大气排放温室气体的过程、活动或机制。

碳汇可以分为森林碳汇、草原碳汇、农田碳汇、湿地碳汇以及海洋碳汇。森林碳汇，是指利用森林的储碳功能，通过造林、再造林、加强森林经营管理、减少毁林、保护和恢复森林植被等活动，吸收和固定大气中的二氧化碳的过程、活动或机制。

林业碳汇项目，是指以产生林业碳汇为目的，并按照相关规则开展碳汇交易的项目活动。

2.1.2 林业碳汇项目的类型

2.1.2.1 按照项目活动类型划分

林业碳汇项目按照项目活动的类型可以分为以下三类。

（1）植树造林

植树造林是新造或更新森林的生产活动，它是培育森林的一个基本环节。种植面积较大而且将来能形成森林和森林环境的，则称为造林。如果面积很小，将来不能形成森林和森林环境的，则称为植树。围绕植树造林活动开发的林业碳汇项目称之为植树造林碳汇项目。

（2）森林经营

森林经营是各种森林培育措施的总称，是从宜林地上形成森林起到采伐更新时止的整个培育管理措施。包括森林抚育、林分改造、护林防火、病虫防治、副产品利用、采伐更新等各项生产活动。围绕森林经营活动开发的林业碳汇项目称之为森林经营碳汇项目。

(3) 森林保护

森林保护是指预防和消除森林的各种破坏和灾害的措施，保证树木健康生长，避免或减少森林资源损失的重要措施。森林保护是营林工作中的重要环节。主要内容包括预防和消除森林火灾、林木病虫害、林木鸟兽害以及灾害性天气对森林的损害。围绕森林保护活动开发的林业碳汇项目称之为森林保护碳汇项目。

2.1.2.2 按照项目开发模式划分

(1) 单边模式

单边模式指项目业主独立实施碳汇项目活动，没有买方的参与。项目业主在市场上出售项目所产生的核证减排量（CER）或自愿减排量（VER）。

(2) 双边模式

双边模式指项目业主和买方共同开发碳汇项目，由买方获得项目产生的CER或VER。

(3) 多边模式

多边模式指项目产生的CER或VER被出售给一个基金，这个基金由多个投资者组成。

2.1.3 现有林业碳汇项目方法学

2.1.3.1 CDM林业碳汇项目方法学

2012年6月，《联合国气候变化框架公约》(UNFCCC) 清洁发展机制（CDM）官方网站（cdm. unfccc. int）上公布在用的林业碳汇项目方法学共19个。经过整合，截至2013年3月，该网站公布在用的林业碳汇项目方法学共4个（表2-1）。

表2-1　公布在用的林业碳汇项目方法学

编号	方法学编号/名称
1	AR-AM0014：Afforestation and reforestation of degraded mangrove habitats-version2.0.0（退化红树林生境的造林和再造林）
2	AR-ACM0003：Afforestation and reforestation of lands except wetlands-version1.0.0（非湿地的造林和再造林）
3	AR-AMS0003：Simplified baseline and monitoring methodology for small scale CDM afforestation and reforestation project activities implemented on wetlands-version 2.0（湿地实施的小规模CDM造林和再造林项目活动的简化基准线和监测方法学）
4	AR-AMS0007：Simplified baseline and monitoring methodology for small scale CDM afforestation and reforestation project activities implemented on lands other than wetlands-version 2.0（非湿地实施的小规模CDM造林和再造林项目活动的简化基准线和监测方法学）

2.1.3.2　自愿标准林业碳汇项目方法学

在各类自愿减排标准中有数个涉及林业碳汇项目，但是从中国实际开发的经验来看，VCS（verified carbon standard）和熊猫标准（panda standard）更具影响力。VCS批准的林业碳汇项目方法学如表2-2所示。

表2-2　VCS林业碳汇项目方法学

方法学编号	方法学名称
VM0004	避免泥炭沼泽森林的有计划的土地利用转换保护项目方法学 Methodology for Conservation Projects that Avoid Planned Land Use Conversion in Peat Swamp Forests, version 1.0
VM0006	减少森林采伐和退化排放的项目活动碳计量方法学 Methodology for Carbon Accounting in Project Activities that Reduce Emissions from Mosaic Deforestation and Degradation, version 1.0
VM0007	REDD方法学 REDD Methodology Modules（REDD-MF）, version 1.1
VM0009	避免热带地区毁林方法学 Methodology for Avoided Mosaic Deforestation of Tropical Forests, version 1.1
VM0015	避免计划外毁林方法学 Methodology for Avoided Unplanned Deforestation, version 1.0
VM0003	通过延长轮伐期改进森林经营的方法学 Methodology for Improved Forest Management through Extension of Rotation Age, version 1.0

续表

方法学编号	方法学名称
VM0005	提高低生产力森林的生产力（限于过伐的热带常绿天然雨林，通过避免继续采伐或实施增加碳密度的营林措施） Methodology for Conversion of Low-productive Forest to High-productive Forest, version 1.1
VM0010	改进森林经营方法学：保护被采伐的森林 Methodology for Improved Forest Management: Conversion from Logged to Protected Forest, version 1.1
VM0011	保护拟择伐的森林 Methodology for Calculating GHG Benefits from Preventing Planned Degradation, version 1.0
VM0012	改进温带和寒温带地区的森林经营 Improved Forest Management in Temperate and Boreal Forests (LtPF), version 1.1

尽管UNFCCC执行理事会曾经批准了二十几个CDM的造林和再造林方法学，但其中尚没有专门针对竹林碳汇项目的方法学。而国际上一些自愿减排的碳标准中，也没有一个适用于竹子造林的方法学。

直到2012年初，熊猫标准正式批准了“退化土地竹子造林方法学”，定名为“熊猫标准竹林碳汇方法学”。这是世界上第一个有关竹子造林的碳汇方法学。

2.1.4 中国的成功项目案例

2.1.4.1 造林和再造林CDM项目

截至2013年3月2日，在CDM执行理事会（EB）注册成功的造林和再造林CDM项目共计44个，其中中国成功注册3个（表2-3）。

表2-3 我国成功注册的造林和再造林CDM项目（截至2013年3月2日）

编号	注册时间	项目名称	方法学	年减排量 (tCO_2e)
1	2006年11月10日	Facilitating Reforestation for Guangxi Watershed Management in Pearl River Basin 中国广西珠江流域治理再造林项目	AR-AM0001 (ver. 2)	25 795

续表

编号	注册时间	项目名称	方法学	年减排量（tCO_2e）
2	2009 年 11 月 16 日	Afforestation and Reforestation on Degraded Lands in Northwest Sichuan，China 中国四川西北部退化土地的造林和再造林项目	AR-AM0003（ver. 3）	23 030
3	2010 年 9 月 15 日	Reforestation on Degraded Lands in Northwest Guangxi 中国广西西北部地区退化土地再造林项目	AR-ACM0001（ver. 3）	87 308

其中，于2006年11月成功注册的中国广西珠江流域再造林项目是全球第一个获得注册的林业碳汇 CDM 项目。该项目位于珠江流域中上游的环江县和苍梧县，规划在宜林荒山荒地上营造四千多公顷功能森林，造林树种包括杉木、马尾松、枫香、荷木、大叶栎等乡土树种和良种桉树等，可吸收大量的二氧化碳，项目从2006年4月1日起实施①。该项目采用 CDM 执行理事会批准的 AR-AM0001：退化土地再造林方法学。在2006年4月1日至2036年3月31日的计入期间内，项目活动的人为净温室气体碳汇清除预期值超过770 000 tCO_2e。2012年对项目碳储量进行了第一次监测和核查。据计算，项目人为净温室气体碳汇清除为13.2万 tCO_2e，获得碳汇收入51.9万美元。同时，项目的实施为周边自然保护区野生动植物提供了迁徙走廊和栖息地，较好地保护了生物多样性，控制了项目区的水土流失；陆续为当地农民提供数万个临时就业机会，产生40个长期性就业岗位，有5000农户可以从出售碳汇以及木质和非木质林产品获得收益。

2.1.4.2 自愿减排项目

2007年3月，中国云南清洁发展机制小规模造林和再造林项目顺利通过 CCB 标准（climate，community and biodiversity standards；气候、社区与生物多样性项目设计标准）核查，并成为全球第一个获得认证的 CCB 金牌项目。

该项目是国家林业局、保护国际（Conservation International，CI）、美国大

① http：//cdm. unfccc. int/Projects/DB/TUEV-SUED1154534875. 41/view

自然保护协会（The Nature Conservancy，TNC）以及云南省林业厅共同倡导的“森林多重效益项目”（forest，climate，community and biodiversity project，FCCB）开发的多重效益项目，最大特点是将森林的部分生态价值，即碳汇价值计算出来，通过交易，使部分森林生态效益得到相应补偿，在保护生物多样性的同时增加当地社区收益，促进社区群众更好地恢复森林、保护森林。

项目于2005年4月在中国西南部的云南省腾冲县启动，属于农用地和草地转化为林地的小型再造林项目，计划将营造467.6hm^2高质量森林，所选的造林树种都是原生乡土树种，造林范围内有37.6hm^2直接与高黎贡山自然保护区相连，有78.2hm^2与保护区毗邻。预计将产生近17万t的CER（临时核证减排量）用于国际碳市场的交易。其效益将致力于缓解该区域四百多户村民的贫困等问题，从而实现可持续发展。

保护国际中国项目首席代表吕植教授介绍，“森林多重效益项目”一方面扩大了森林生态系统的面积和野生动物的栖息环境，对二氧化碳的固定和生物多样性保护具有直接的贡献作用；另一方面，试图将通过森林恢复固定的二氧化碳，并进入国际碳交易市场进行交易，以获取收益用于对当地社区森林生态效益的一种补偿，也为当地社区提供可持续利用的非木材林产品和碳交易的收益，从中探索改善社区生计，建立一种森林植被恢复和社区森林共管模式。

2007年1月底，该项目正式被确认为全球首例获得CCB标准金牌认证的项目，其在社区的成功运作为中国乃至世界的林业碳汇多重效益项目提供了可借鉴的经验①。

2.2 竹林生态系统固碳能力

2.2.1 竹林植被生物量和碳密度

根据收集的文献资料（表2-4、表2-5）可以看出，我国毛竹林和杂竹林单位面积生物量分为25.290～572.288t/hm^2、4.920～370.373t/hm^2，平均值分别为127.212t/hm^2、84.379t/hm^2，其中地上部分单位面积生物量分别为

① http：//www.yn.xinhuanet.com/newscenter/2007-03/07/content_9449584.htm

81.441 t/hm^2、44.325t/hm^2，地下部分单位面积生物量为 46.515t/hm^2、36.393 t/hm^2，地上部分中竹秆生物量占较大比例，分别为85%、69%。毛竹林和杂竹林单株生物量分别为7.814～163.407 kg/株、0.251～31.999 kg/株，平均分别为48.428 kg/株、5.159 kg/株。分别以0.5（周国模等，2004）和0.45（林益明等，1998a；李江等，2006）作为毛竹的碳含量（g/g）和其他竹种碳含量，计算得出我国竹林乔木层平均碳密度，高于李海奎（李海奎，2011）、汪业勖（汪业勖，1999）、Fang 等（2001）对全国森林平均碳密度的估算结果，与周玉荣等（2000）得到的我国森林植被平均碳密度为57.07 t/hm^{2}的结果相似。

表 2-4 毛竹林单位面积和单株生物量

竹子种类	采样地域	立竹密度（株/hm^2）	生物量（t/hm^2）				单株生物量(kg/株)	资料来源
			竹秆	地上	地下	合计		
毛竹	贵州	1620	65.700	79.905	184.815	264.720	163.407	巫启新，1983
		2055	79.470	94.860	165.525	260.385	126.708	
		2385	104.790	124.650	94.080	218.730	91.711	
		3825	165.105	187.590	83.825	271.415	70.958	
		3990	190.650	217.530	84.105	301.635	75.598	
	浙江秦石门		270.105	302.378	269.910	572.288		温太辉，1990
	浙江安吉		56.018	64.193	98.715	162.908		
	浙江富阳	2700	41.990	58.180	61.940	120.120	44.489	黄启民等，1993
		3750	98.890	129.250	53.130	182.380	48.635	
	浙江	4478	56.380	73.220				周本智，1996
	浙江临安		30.539	37.755	22.892	60.647		周国模，2004
	浙江		30.539	41.180	19.470	60.650		周国模，2006
	江西大岗山	2788		30.050	30.930	60.979	21.872	聂道平，1994
		3900		49.805	36.481	86.286	22.125	
		4545		56.795	42.748	99.543	21.902	
	江西大岗山		18.010	22.450	18.290	40.740		王兵等，2011
	福建南靖		45.720	58.750	21.360	80.110		李振基等，1993a，b
	福建建瓯		46.782	58.764	22.971	81.735		蓝斌等，1995；
		2280	239.600	288.920	52.160	341.080	149.596	郑郁善等，1997b
	福建南部	2239	22.303	28.342				周本智，1996
	福建					37.600		郑郁善等，1998b

竹子种类	采样地域	立竹密度（株/hm²）	生物量（t/hm²）				单株生物量(kg/株)	资料来源
			竹秆	地上	地下	合计		
毛竹	福建武平			49.180	18.000	67.180		陈礼光等，2000
	福建沙县	1629	17.880	21.319	3.972	25.290	15.525	林华，2002
		2229	27.151	35.542	5.760	41.302	18.529	
		3046	35.160	49.478	8.156	57.635	18.921	
	福建永安		79.85	97.980	45.94	143.92		漆良华等，2009
			69.7	85.400	33.97	119.37		
			58.39	71.460	28.12	99.58		
	福建建阳	2929	39.275	58.817	18.508	77.325	26.400	苏阿兰，2011
	福建永安	2929	38.980	57.503	22.192	79.695	27.209	苏阿兰，2011
	福建永安		85.905	105.110	38.310	143.420		范少辉等，2011
			73.820	90.337	33.033	123.370		
			53.556	65.534	24.010	89.554		
	福建永安	2629.17	39.979	48.984	11.713	60.697	23.086	陈孝丑等，2012
		2833.33	66.785	81.806	19.542	101.348	35.770	
		2566.67	58.543	72.727	18.649	91.376	35.601	
	湖南会同	2100	26.290	41.540	15.970	57.510	27.386	肖复明等，2007
	安徽霍山	7000	40.450	51.010	3.690	54.700	7.814	丁正亮，2011
	安徽池州	3024	48.280	71.990	19.920	91.910	30.394	孙刚等，2009
	四川宜宾	7900	42.400	62.250	18.370	80.620	10.205	刘应芳等，2010
	四川长宁		28.430	35.100	16.400	51.500		何亚平等，2007
平均值			69.261	81.441	46.515	127.212	48.428	
标准误差			9.765	10.077	8.893	17.217	44.439	

表 2-5　其他竹类单位面积生物量和单株生物量

竹子种类	采样地域	立竹密度(株/hm²)	生物量（t/hm²）				单株生物量(kg/株)	资料来源
			竹秆	地上	地下	合计		
水竹	安徽舒城	30 000		39.030	54.640	93.670	3.122	孙天任等，1986
		37 500		65.110	91.150	156.260	4.167	
		45 000		48.580	53.440	102.020	2.267	
		52 500		50.450	70.630	121.080	2.306	

续表

竹子种类	采样地域	立竹密度(株/hm^2)	生物量(t/hm^2)				单株生物量(kg/株)	资料来源
			竹秆	地上	地下	合计		
绿竹	浙江瑞安		83.835	129.780	19.035	148.185		温太辉，1990
长毛示筛绿竹	浙江温州		68.355	86.813	14.123	100.935		温太辉，1990
麻竹	浙江苍南		42.090	67.343	14.265	81.608		
枪刀竹	浙江安吉		29.820	43.238	50.730	93.968		温太辉，1990
刚竹			16.200	28.680	86.190	114.870		
乌牙竹			70.950	104.295	192.285	296.580		
浙江淡竹	浙江萧山		61.425	79.860	122.580	202.440		温太辉，1990
红竹	浙江衢县		86.730	126.623	243.750	370.373		温太辉，1990
	浙江安吉	11 670	34.047		10.330			马乃训等,1994
苦竹	浙江余杭		82.470	119.588	160.995	280.583		温太辉，1990
			40.864	61.137	41.685	102.821		林新春等,2004
退化雷竹	浙江临安	26 250	9.810	17.360				李艳红等，2009
正常雷竹	浙江临安	19 680	13.420	24.980				
绿竹	浙江平阳	27 600	10.126	12.575	1.962	14.537	0.527	安艳飞等，2009
		13 000	20.551	31.518	7.749	39.267	3.021	
巴山木竹	陕西镇巴		38.390	47.310	21.780	69.090		王太鑫等,2005
慈竹	重庆缙云山	70 180		124.459	31.947	156.406	2.229	苏智先等,1991
斑苦竹			15.052	20.245	3.815	24.060		刘庆等，1996
						90.233		
光箨篌竹	贵州铜仁		21.160	31.620				张喜等，1996
筇竹	云南大关		20.577	26.522	21.648	48.170		董文渊，2002
井冈寒竹	江西井冈山		6.050	9.564	6.465	16.029		周玉卿，2004
桂竹	河南鸡公山					87.000		严茂超等,2004
麻竹	福建漳州	1728	1.930	3.610	1.310	4.920	2.847	邱尔发等，2004
		1612	4.140	6.090	2.560	8.650	5.366	
		1504	4.800	6.960	9.710	15.670	10.419	
		1467	6.000	8.320	26.020	34.340	23.408	
		1436	7.870	10.700	35.250	45.950	31.999	
绿竹	福建华安		91.519	134.450	21.590	156.040		林益明等,1998a
麻竹	福建南部	2290	24.820	39.518				周本智等,1999

续表

竹子种类	采样地域	立竹密度（株/hm²）	生物量（t/hm²）				单株生物量(kg/株)	资料来源
			竹秆	地上	地下	合计		
花竹	福建绍安		26.981	35.121	6.000	41.121		温太辉，1990
			69.540	83.081	15.030	98.111		
茶秆竹	福建闽清	6750	11.400	15.990	14.490	30.480	4.516	林传文，2005
		9000	11.060	17.130	15.380	32.510	3.612	
		11 250	16.600	24.360	15.360	39.720	3.531	
		13 500	14.350	23.820	16.800	40.620	3.009	
撑麻七号竹	福建安华	13 000	61.530	84.390				邱银河
苦竹	福建沙县	17 609	23.030	34.140				林华，2009
肿节少穗竹	福建建瓯	15 000	2.400	4.650	5.930	10.580	0.705	郑郁善等，1998a
		30 000	14.100	19.500	21.120	40.620	1.354	
		60 000	27.400	36.550	34.170	70.720	1.179	
		90 000	10.350	18.170	20.590	38.760	0.431	
		120 000	9.460	15.790	14.270	30.060	0.251	
肿节少穗竹	福建	85 004	17.850	32.102	2.523	34.625	0.407	郑郁善等，1998c
毛环竹	福建松溪	11 584	17.026	31.580	21.154	52.734	4.552	徐道旺等，2004
冷箭竹	四川卧龙	幼林		0.355				周世强等，1998
		老林		1.116				
苦竹	四川西部		49.342	78.843	22.121	100.964		李江等，2006
	四川长宁	人工经营	26.790	37.580				余英等，2005
		未经营	19.660	27.810				
苦竹	四川洪雅		49.340	78.840	22.140	100.960		李江等，2006
苦竹	四川长宁		17.500	26.120	17.810	43.930		何亚平等，2007
慈竹	四川沐川		68.840	90.590	21.11	111.7		王勇军等，2009
麻竹	四川洪雅	3247	18.470	24.270	3.64	27.91	8.596	冯帅等，2010
杂交竹	四川雅安		23.527	30.981	3.189	34.179		刘正刚，2011
平均			30.391	44.325	36.393	84.379	5.1591397	
标准误差			25.2	4.870	7.36	11.299	7.4721266	

毛竹林平均生物量（干重，下同）为 127.212t/hm²，与同处亚热带几种

森林类型比较仅低于成熟的天然常绿阔叶林，而高于人工常绿阔叶林、杉木中幼林和马尾松中幼林，并与亚热带落叶阔叶混交林、常绿阔叶中幼林和杉木成熟林接近（表2-6；陈先刚等，2008）。陈礼光等（2000）在福建武平的对比试验表明，毛竹纯林生物量为67.18 t/hm^2，高于相同立地条件的10年生杉木纯林生物量63.25 t/hm^2；肖复明等（2007）在湖南会同研究发现，相同立地条件下15年生毛竹林年固定有机碳量是杉木林的1.39倍。其他竹类林分的生物量为84.379 t/hm^2，与亚热带几种森林类型比较处于中等水平。

表2-6　亚热带几种林分类型生物量比较

森林类型	林龄范围（a）	样本数	乔木层生物量（t/hm^2）	
			范围	平均值
亚热带常绿阔叶林	12～42	8	80.40～323.35	169.4
	>100	5	334.22～491.17	388.69
亚热带人工常绿阔叶林	5～30	17	13.40～255.40	103.74
亚热带落叶阔叶混交林	中龄林	2	147.38～194.60	170.99
杉木林	3～10	17	16.60～99.69	56.46
	10～20	34	59.30～131.68	105.00
	20～30	17	82.55～334.25	152.36
马尾松林	6～14	7	29.92～112.06	84.80
	20～30	5	33.40～155.17	106.00

2.2.2　竹林土壤层碳密度

通过搜集文献获取毛竹林土壤碳密度（t/hm^2），或通过调研获得的土壤容重和土壤有机碳含量进行间接核算，对缺少土壤容重数据的样本，其对应的土壤容重通过以下土壤容重与土壤深度和有机质含量的拟合函数计算而得（Post et al.，1982；Post & Mann，1990）

$$D_i = a_i + b_i Z_i + c_i \cdot \lg C_{fi} \tag{2-1}$$

式中，Z_i是从土表到土层中心的深度，C_{fi}是土层有机碳含量；a_i、b_i与c_i为拟合系数（对应于表层分别为0.456、0.056和0.012；对应于下层分别为0.484、0.02和-0.113）。

收集计算后得到中国毛竹林土壤碳密度见表2.7。中国竹林土壤层碳密度（0～100cm）为152.09 t/hm^2。国家尺度上王绍强等（2003）根据中国两次土壤普查得到的数据，估算中国陆地生态系统土壤平均碳密度分为108.3 t/hm^2、105.3 t/hm^2；李忠等（2001）计算中国东北地区土壤有机碳密度变幅为25～733 t/hm^2，平均值为105 t/hm^2，而在中国东南地区热带、亚热带地区，剖面土壤有机碳密度变幅为39～167 t/hm^2，平均值为92.5 t/hm^2。周玉荣等（2000）利用收集资料推算出全国森林土壤平均碳密度为193.55t/hm^2。李克让等（2003）按面积加权估算中国森林土壤平均碳密度为81.39 t/hm^2。

表2-7　竹林土壤碳储量

采样地点	立地状况	碳贮量（t/hm^2）					数据来源
		0～20cm	20～40cm	40～60cm	60～80cm	80～100cm	
浙江安吉	粗放经营	49.60*	33.82*	35.07*	27.52*		周国模等，2006
浙江安吉	集约经营5年	44.17*					周国模等，2006
浙江安吉	集约经营10年	35.21*	23.14*	25.08*	15.70*		周国模等，2006
浙江安吉	集约经营20年	32.21*					周国模等，2006
浙江安吉	集约经营40年	32.17*					周国模等，2006
浙江临安	天然毛竹林	32.48*					徐秋芳等，2008
福建永安	挖笋+劈草+施肥+灌水	45.34	52.20	53.10			漆良华等，2009
福建永安	挖笋+劈草+施肥	83.55	56.71	57.11			漆良华等，2009
福建永安	挖笋+劈草	95.41	76.00	61.15			漆良华等，2009
江西分宜	一般经营竹林	57.18	34.43	27.34	15.23	11.99	王兵等，2009
福建建阳	毛竹纯林	50.89	53.21	61.90	44.82	46.72	丁新新，2009
福建建阳	毛竹阔叶树混交林	46.04	47.89	35.89	16.85	42.22	丁新新，2009
福建建阳	毛竹油茶混交林	27.47	42.20	30.97	15.74	38.56	丁新新，2009
福建建阳	毛竹油桐混交林	20.53	23.30	20.98	21.59	21.74	丁新新，2009
福建建阳	毛竹杉木混交林	13.53	15.21	15.19	12.37	13.08	丁新新，2009
浙江湖州	天然毛竹林	32.93					徐秋芳和姜培坤，2004
全国各地	各种经营方式	39.54	22.42				陈先刚等，2008

续表

采样地点	立地状况	碳贮量（t/hm²）					数据来源
		0～20cm	20～40cm	40～60cm	60～80cm	80～100cm	
浙江安吉	集约经营毛竹林	46.16*					江业根和洪顺山，1987
浙江安吉	粗放经营毛竹林	60.22*					江业根和洪顺山，1987
浙江安吉	乔灌木混生毛竹林	47.94*					江业根和洪顺山，1987
浙江富阳	无林下植被毛竹林	29.85*					江业根和洪顺山，1987
浙江富阳	草类林下植被毛竹林	35.45*					江业根和洪顺山，1987
浙江沙县	无林下植被毛竹林	43.79*					江业根和洪顺山，1987
浙江沙县	粗放经营毛竹林	50.72*					江业根和洪顺山，1987
浙江富阳	条播竹荪	41.12					陈连庆和裴致达，1991
浙江富阳	块播竹荪	31.37					陈连庆和裴致达，1991
浙江富阳	对照	31.46					陈连庆和裴致达，1991
福建福州	深耕施肥毛竹林	58.60	35.05				陈乾富，1999
福建福州	深翻毛竹林	37.46	13.55				陈乾富，1999
福建福州	全锄毛竹林	32.79	16.74				陈乾富，1999
福建福州	劈草毛竹林	32.50	15.49				陈乾富，1999
福建福州	对照无经营毛竹林	16.64	11.49				陈乾富，1999
浙江长汀	一般经营毛竹林	30.51	17.71				郑郁善等，2000
浙江安吉	高产毛竹林	41.26	22.03				徐秋芳等，1998
浙江安吉	低产毛竹林	42.25	19.69				徐秋芳等，1998
浙江诸暨山	一般经营毛竹林	99.26	70.22	33.70	21.22	10.21	黄承才，2001
江西安福	毛竹纯林	35.70	29.85	22.96			杜满义等，2010
江西安福	竹阔混交林	32.95	24.22	19.78			杜满义等，2010
江西安福	竹杉混交林	32.08	23.56	19.58			杜满义等，2010
浙江富阳	集约经营	53.65*	30.55*	30.02*	33.81*		马少杰等，2012
浙江富阳	粗放经营	55.69*	28.70*	27.17*	25.66*		马少杰等，2012

续表

采样地点	立地状况	碳贮量（t/hm²）					数据来源
		0～20cm	20～40cm	40～60cm	60～80cm	80～100cm	
浙江杭州	快速生长期毛竹	87.24*					王雪芹等，2012
浙江杭州	快速生长期毛竹	114.1*					王雪芹等，2012
浙江杭州	快速生长期毛竹	77.96*					王雪芹等，2012
江西分宜	粗放经营	48.66	48.23	17.02			王兵和魏文俊，2007
湖南会同	低产林改造	56.91	55.71	26.97			肖复明等，2007
浙江临安	集约经营	34.02	21.56	12.39			周国模，2006
浙江临安	粗放经营	34.96	22.14	12.31			周国模，2006
浙江湖州	粗放经营	32.00*					朱志建等，2006
福建顺昌	竹杉混交	43.59*	20.10*	19.21*			张昌顺等，2010
福建顺昌	毛竹纯林	35.34*	23.57*	22.99*			张昌顺等，2010
福建顺昌	竹阔混交	40.68*	25.74*	29.16*			张昌顺等，2010
江西分宜	竹阔混交	64.39	34.56	22.85	14.67	7.42	王兵等，2011
江西分宜	粗放经营	28.63*					赵超等，2010
江西分宜	粗放经营	31.86*					赵超等，2010
江西分宜	粗放经营	43.48*					赵超等，2010
江西分宜	粗放经营	50.54*					赵超等，2010
江西分宜	粗放经营	61.98*					赵超等，2010
浙江富阳	集约经营	50.60	31.96	23.56	20.09	17.12	李正才等，2007
浙江富阳	粗放经营	47.40	30.28	22.04	16.81	14.50	李正才等，2007
四川长宁	粗放经营	35.07	25.93				刘应芳等，2010
江苏吴江	粗放经营	39.39	20.73				王莹等，2010
浙江临安	毛竹纯林	118.4*					吴家森等，2008
浙江临安	竹针阔混交	1049*					吴家森等，2008
平均值		47.49	31.58	29.09	21.58	22.35	
标准差		22.24	15.67	13.91	8.90	14.55	

*表示用经验公式（2-1）计算结果

王鹏程（2009）研究三峡库区森林生态系统土壤有机碳密度平均为90.9 t/hm²；骆土寿和陈永富（2000）计算出海南岛尖峰岭热带森林土壤碳密度为97.10～119.54t/hm²，加权平均为102.60 t/hm²；黄承才（2001）研究了中亚热带东部毛竹林和茶园土壤有机碳储量，得出毛竹林和茶园土壤有机碳含量分别为224 t/hm²和692.2 t/hm²；杜有新等（2011）研究亚热带北部庐山不同海拔森林土壤碳密度为60.3～128.9 t/hm²；许文强等（2009）研究了三工河流域山地灰褐土不同深度的土壤碳储量，结果表明在0～50cm深度土壤碳密度为75.6 t/hm²；田大伦等（2011）研究喀斯特地区楸树林地、花椒林地、柏木林地、车桑子林地土壤0～20cm碳密度分别为113.061 t/hm²、82.424 t/hm²、126.841 t/hm²和86.212 t/hm²。雷丕锋等（2004）研究18年生樟树人工林土壤层（0～100cm）的碳密度为146.98t/hm²。综合以上研究结果可以发现，我国毛竹林土壤碳密度高于大部分林分下土壤碳密度。

2.2.3 竹林林下植被层碳密度

通过搜集文献获取毛竹林林下植被层碳密度，或通过调研获得的毛竹林林下植被层生物量和含碳率进行间接核算。根据周国模（2006）、肖复明（2007）、杜满义（2010）、王兵等（2009）的研究结果，林下植被含碳率平均值为43.96%。计算得到中国毛竹林林下植被碳密度为0.22～4.83 t/hm²，平均值为1.53 t/hm²（表2-8）。

表2-8　毛竹林林下植被碳储量

林分	经营措施	单位面积生物量（t/hm²）	单位面积碳储量（t/hm²）	文献
毛竹	粗放经营		4.83	周国模，2006
毛竹	低产林改造		0.64	肖复明，2007
毛竹	一般经营		1.41	王兵等，2009
毛竹	粗放经营		1.09	李正才等，2010
毛竹	集约经营		0.27	李正才等，2010
毛竹	一般经营		0.93	杜满义，2010
毛竹	竹阔混交		2.98	王兵等，2011
毛竹	一般经营		3.90	王兵和魏文俊，2007
毛竹	施肥1年	2.71	1.19*	陈孝丑等，2012
毛竹	施肥5年	1.25	0.55*	陈孝丑等，2012
毛竹	施肥13年	2.64	1.16*	陈孝丑等，2012

续表

林分	经营措施	单位面积生物量（t/hm²）	单位面积碳储量（t/hm²）	文献
毛竹	粗放经营		0.55	周国模等，2006
毛竹	施肥	0.50	0.22*	陈乾富，1999
毛竹	深翻	0.75	0.33*	陈乾富，1999
毛竹	全锄	1.80	0.79*	陈乾富，1999
毛竹	劈草	1.91	0.84*	陈乾富，1999
毛竹	粗放经营	2.52	1.11*	陈乾富，1999
毛竹	粗放经营		4.83	周国模和姜培坤，2004
平均值			1.53	
标准差			1.51	

*表示间接推算的结果

肖复明等（2007）、方晰等（2010）研究湖南会同杉木人工林林下植被碳密度为0.606～2.01 t/hm^2，平均值为1.08 t/hm^2；雷丕锋等（2004）计算出18年生樟树人工林林下植被层碳密度为3.38 t/hm^2。李海涛等（2007）研究赣中地区亚热带湿润气候下的植被群落灌木层碳密度为0.0873 t/hm^2，草本层碳密度为0.3535 t/hm^2，林下植被层总碳密度为0.4408 t/hm^2。综述以上研究结果可以发现，我国毛竹林林下植被碳密度较高，说明毛竹林林下植被较为丰富、生长较好。

2.2.4 竹林枯落物层碳密度

通过搜集文献获取毛竹林枯落物碳密度，或通过调研获得的毛竹林枯落物层生物量和含碳率进行间接核算。根据漆良华等（2009）、刘应芳等（2010）、周国模等（2006），周国模和姜培坤（2004）对毛竹枯落物的研究，枯落物含碳率平均值为39.71%。计算得到我国毛竹林枯落物层碳密度为0.41～4.88 t/hm^2，平均值为2.17 t/hm^2（表2-9）。

表 2-9　毛竹林枯落物碳储量

林分	经营措施	单位面积生物量 (t/hm²)	单位面积碳储量 (t/hm²)	文献
毛竹	集约经营		1. 173	周国模等，2006
毛竹	粗放经营		2. 156	周国模等，2006
毛竹	粗放经营		3. 19	刘应芳等，2010
毛竹	竹阔混交		0. 89	杨清培等，2011
毛竹	施肥	1. 02	0. 41*	陈乾富，1999
毛竹	深翻	1. 23	0. 49*	陈乾富，1999
毛竹	全锄	6. 21	2. 47*	陈乾富，1999
毛竹	劈草	6. 41	2. 55*	陈乾富，1999
毛竹	粗放经营	9. 78	3. 88*	陈乾富，1999
毛竹	粗放经营	4. 95	1. 97*	李振基等，1993
毛竹	挖笋+劈草+施肥+灌水		2. 59	漆良华等，2009
毛竹	挖笋+劈草+施肥		3. 01	漆良华等，2009
毛竹	挖笋+劈草		4. 88	漆良华等，2009
毛竹	集约经营		0. 602	周国模和姜培坤，2004
毛竹	粗放经营		0. 669	周国模和姜培坤，2004
毛竹	集约经营	10. 124	4. 02*	王冬云等，2008
毛竹	粗放经营	2. 96	1. 18*	俞益武等，2002
毛竹	垦复	3. 43	1. 36*	高志勤，2006
毛竹	垦复	3. 81	1. 51*	高志勤，2006
毛竹	未垦复	4. 65	1. 85*	高志勤，2006
毛竹	未垦复	6. 78	2. 69*	高志勤，2006
毛竹	未垦复	6. 68	2. 65*	高志勤，2006
毛竹	未垦复	5. 87	2. 33*	高志勤，2006
毛竹	垦复	1. 37	0. 54*	高志勤和傅懋毅，2005
毛竹	竹阔混交	9. 99	3. 97*	高志勤和傅懋毅，2005
毛竹	未垦复	7. 86	3. 12*	高志勤和傅懋毅，2005
毛竹	杉竹混交	5. 60	2. 22*	张昌顺等，2010
毛竹	毛竹纯林	4. 70	1. 87*	张昌顺等，2010
毛竹	竹阔混交	7. 00	2. 78*	张昌顺等，2010
平均值			2. 17	
标准差			1. 18	

* 表示间接推算的结果

自20世纪60年代以来，Dray，王凤友等中外学者先后对世界范围内森林凋落碳量的研究结果作了综述性报道（王凤友，1989；林波和刘庆，2001）。指出不同气候下森林凋落碳量具有一定的变化幅度，但平均说来，全球的森林年凋落碳量变化为1.6～9.2t/hm^2，枯叶年凋落碳量变化为1.4～5.8t/hm^2，其他组分（包括枝、皮、繁殖器官、叶鞘、动物残骸等）变化为0.6～3.8 t/hm^2。王鹏程等（2009）计算三峡库区森林生态系统枯落物碳密度平均为2.74 t/hm^2。肖复明等（2007）、方晰等（2010）研究湖南会同杉木人工林枯落物层碳密度为0.530～4.035 t/hm^2，平均值为2.217 t/hm^2；雷丕锋等（2004）研究18年生樟树人工林枯落物层碳密度为5.08 t/hm^2；宁晓波等（2009）研究表明8～20年生的杉木人工林凋落物平均生物碳含量为1.11±0.117 t/hm^2。黄承才等（2006）计算出浙江省杉木生态公益林凋落物碳量为0.562～3.272 t/hm^2/a。综述以上研究结果可以发现，我国毛竹林枯落物碳密度处于中等水平，说明毛竹林枯落物能在一定程度上对土壤有机质进行补给，有利于土壤有机碳的形成和累积。

2.3 中国竹林碳汇的潜力

2.3.1 过去50年中国竹林碳储量变化

（1）竹林面积变化

根据历史资料记载和7次全国森林资源清查统计数据，中国竹林面积（未计台湾面积）从1950～1962年的245.39万hm^2逐渐增加到2004～2008年的538.1万hm^2。尤其是近30年来，中国竹林面积增长比较显著，由20世纪70年代末的319.96万hm^2增加到本世纪初的538.1万hm^2（图2-1），增长了68.18%，竹林占全国有林地面积的比例由2.78%增长到2.97%，竹林资源成为中国森林资源的重要组成部分（国家林业局，2010）。

（2）竹林生物质碳储量变化

根据森林资源清查获得的数据，竹林生物质碳储量可分别毛竹和其他竹种两类进行估计。采用公式

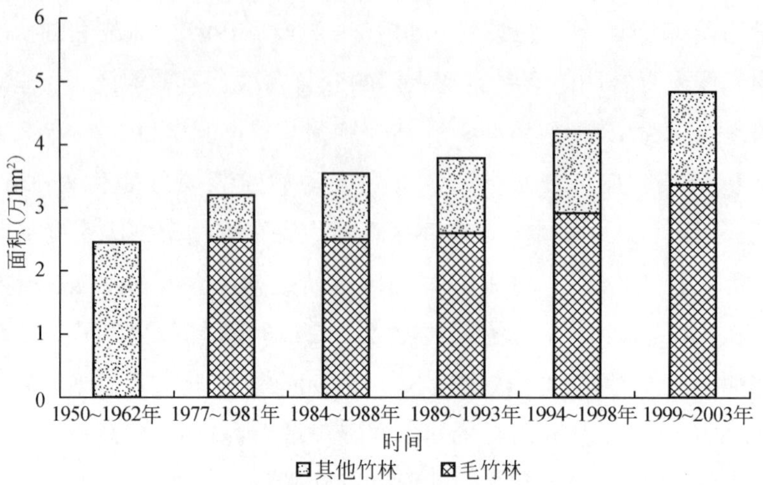

图 2-1　1950～2003 年中国竹林面积变化

1950～1962 年为所有竹林数据

$$C_B = (0.5 \cdot B_1 + 0.45 \cdot B_2) \tag{2-2}$$

式中，C_B 为竹林总碳储量（Tg，1Tg=10^{12}克，下同）；B_1 和 B_2 分别为毛竹和其他竹类生物量（Tg）；0.5 和 0.45 分别为毛竹的碳含量（g/g）（周国模等，2004）和其他竹种碳含量（林益明等，1998a；李江等，2006）。

国家森林资源清查资料分别给出了两类竹林（毛竹和其他竹类）的面积和株数，因此可采用基于竹林面积与基于立竹株数两种方法计算竹林生物量。

方法Ⅰ：基于单位面积竹林生物量和竹林面积来计算，即

$$B_i = \mathrm{BF}_i \cdot A_i \cdot 10^{-6} \tag{2-3}$$

式中，B_i 为 i 类竹林总生物量（干重，Tg）；BF_i 为单位面积竹林平均生物量（干重，Mg/hm^2，1Mg=10^6g）^{3}；A_i 为竹林面积（hm^2）。

方法Ⅱ：基于平均单竹生物量和立竹株数来计算，即

$$B_i = \mathrm{BT}_i \cdot N_i \cdot 10^{-9} \tag{2-4}$$

式中，BT_i 为平均单株生物量（干重，kg/株）；N_i 为竹子株数（株）。

根据竹林碳含量和两种不同方法得到的生物量可计算出中国竹林生物质碳储量历史变化（图 2-2）。

从图 2-2 中可以看出，在历史上前 4 个清查期内，基于立竹株数计算的生物质碳储量值小于基于竹林面积计算的生物质碳储量，而在后 3 个清查期则相

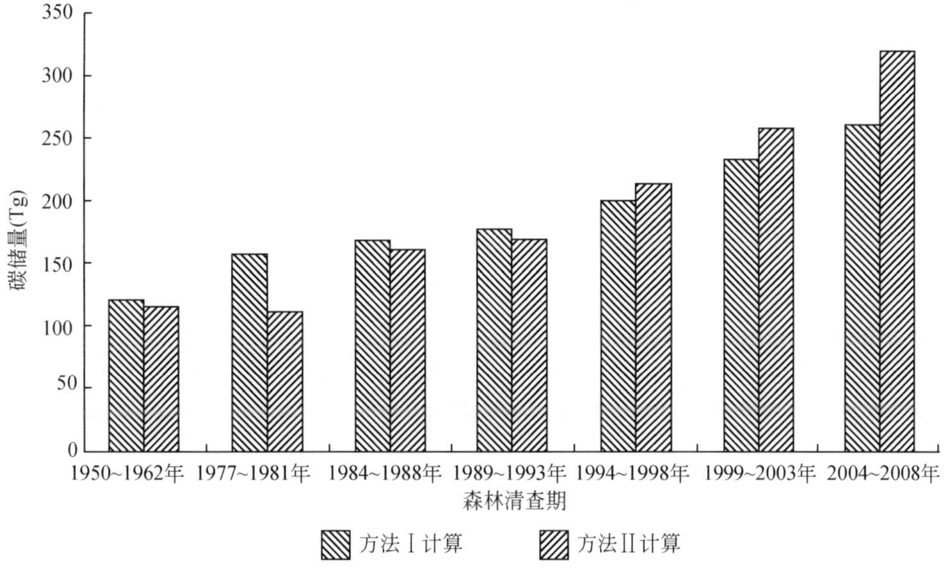

图 2-2　中国竹林生物质碳储量历史变化

反，其原因可能是源于竹林平均株密度由小到大的变化，这一点也能从以立竹株数计算的平均年增碳储量大于以竹林面积计算的平均年增碳储量上得到佐证。基于植物种群竞争原理，竹林的平均单竹生物量受林分密度影响比较大，而单位面积生物量受林分密度影响比较小，因此通过面积计算的结果更接近于客观值。

（3）竹林土壤碳储量

根据竹林面积和单位面积土壤有机碳储量计算竹林土壤碳储量：

$$SOC_t = SOC \cdot A \cdot 10^{-6} \tag{2-5}$$

式中，SOC_t为竹林土壤有机碳总储量（Tg）；SOC 为单位面积竹林土壤有机碳储量（t/hm^2）；A 为竹林面积（hm^2）。

如果某一土壤剖面由 k 层组成，那么该剖面的总机碳贮量（SOC_t）为

$$SOC = \sum_{i=1}^{k} SOC_i = \sum_{i=1} C_i \times D_i \times E_i \times (1 - G_i)/100 \tag{2-6}$$

式中，SOC_i为 i 土层土壤有机碳密度（t/hm^2），C_i为土壤有机碳含量（g/kg），D_i 为容重（g/cm^3），E_i为土层厚度（cm），G_i为直径≥2mm 的石砾所占的体积

百分比（%）。

根据文献调研及统计分析，得到中国毛竹林土壤单位面积碳储量（表2-7），将其他竹林土壤有机碳密度也用毛竹林的代替，可计算出中国竹林在历史上各清查期的土壤总碳储量（表2-10），从表中可看出，在第一次清查期（1950～1962年）为373.21 Tg，最近一次清查期（2004～2008年）为818.40Tg，半个世纪间增长了119.3%。

（4）竹林林下植被碳储量

根据文献调研及统计分析得到中国毛竹林林下植被单位面积碳储量如表2-8所示。其他竹林林下植被单位面积碳储量用毛竹林的代替，计算表明我国竹林林下植被碳储量为8.23TgC，从表中可看出，在第一次清查期为3.75TgC，最近一次清查期为8.23TgC，半个世纪间增长了121.9%。

（5）竹林枯落物碳储量

根据文献调研及统计分析获得中国毛竹林枯落物单位面积碳储量如表2-9所示。其他竹林枯落物单位面积碳储量用毛竹林的代替，计算表明中国竹林枯落物碳储量为11.68Tg，从表中可看出，在第一次清查期为5.32 Tg，最近一次清查期为11.68Tg，半个世纪间增长了119.5%。

表2-10　中国竹林土壤、林下植被及枯落物碳储量历史变化（单位：Tg）

资源清查期	1950～1962年	1977～1981年	1984～1988年	1989～1993年	1994～1998年	1999～2003年	2004～2008年
土壤	373.21	486.63	539.36	576.54	640.42	736.51	818.40
林下植被	3.75	4.90	5.43	5.80	6.44	7.41	8.23
枯落物	5.32	6.94	7.70	8.23	9.14	10.51	11.68

（6）竹林生态系统碳储量估算

竹林生态系统碳储量由上述4个层次的碳储量组和而得。根据两种不同的计算方法可以得出，中国目前竹林生态系统的碳储量为1099.31～1159.50Tg。从计算结果看出，在历史上最近5次森林资源清查期间，与每一清查期对应的竹林碳储量平均年增长量是在逐步增加，尤其是在20世纪90年代以来增加得比较快（图2-5）。这一现象主要缘于中国竹林面积随全国森林面积增长而增长，特别是近期快速增长的结果。

根据方精云等（2001）的研究结果，在历史上第2至5次森林资源清查期，中国森林植被总碳储量分别为4440Tg（1973~1976年）、4380Tg（1977~1981年）、4450Tg（1984~1988年）、4630Tg（1989~1993年）、4750Tg（1994~1998年）。与此对比，中国竹林碳储量所占比例分别为6.5%~6.8%、7.8%~9.2%、9.3%~9.8%、9.4%~10.1%、10.6%~10.8%。由此看出，中国竹林碳储量在森林总碳储量中占有相当大的份额，可对中国森林生态系统碳汇能力产生举足轻重的影响。

2.3.2 未来50年中国竹林碳储量变化

2.3.2.1 未来中国竹林面积预测

采用两种预测情景方法来预测中国未来50年竹林面积的变化。

情景A——根据过去竹林面积的历史平均增长率外推得到，到2010年、2020年、2030年、2040年和2050年中国竹林面积将分别达557万、663万、788万、937万和1115万hm^2。

情景B——根据中国林业发展战略研究提出的中国森林面积增长目标（中国可持续发展林业战略研究项目组，2003）推算未来的中国森林面积，再根据竹林面积与森林面积之间的相关关系（图2-3），间接推算出到2010年、2020年、2030年、2040年和2050年中国竹林面积将分别达569万、660万、722万、764万和806万hm^2（图2-4）。

在两种情景下对未来50年中国竹林面积变化的预测结果存在较大差别，情景A的增长速度比情景B要大很多。但从客观上讲，用于森林增长的面积是有一定限度的，不可能无限扩大。因此，竹林面积的增长必须与森林面积的增长相协调，这就意味着情景B更符合于客观实际。所以在情景B下的预测结果应更为可靠。

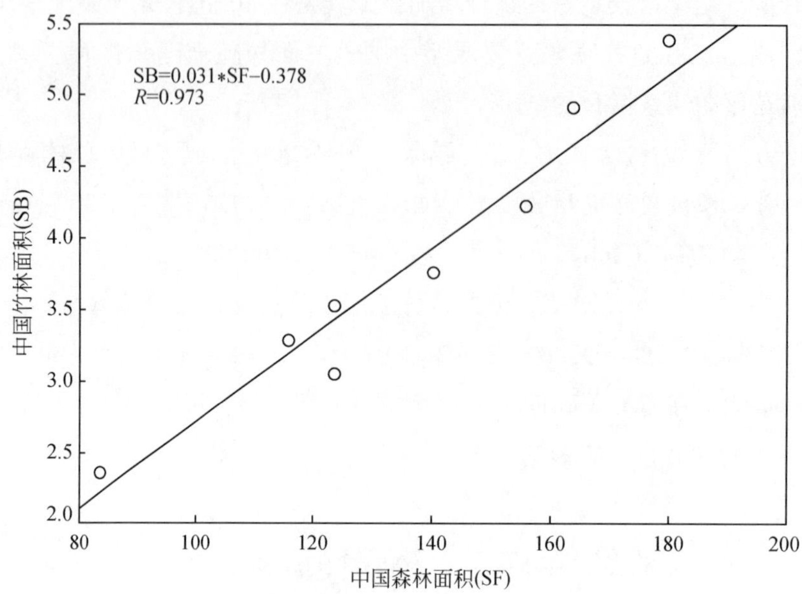

图 2-3　中国森林面积与竹林面积的相关性

数据不含台湾地区

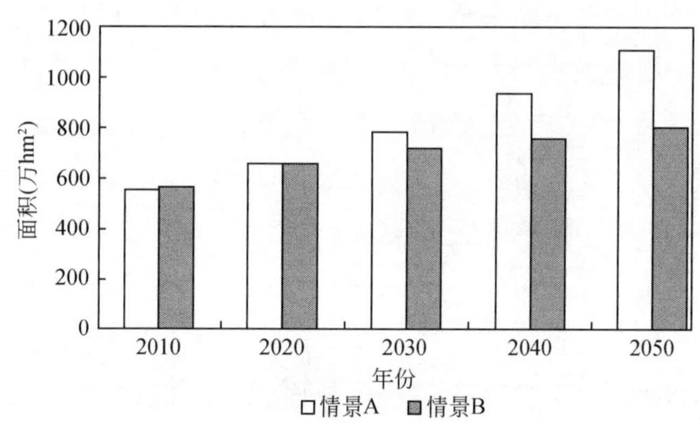

图 2-4　中国竹林面积未来 50 年预测

2.3.2.2　未来中国竹林碳储量预测

根据以上的中国竹林面积变化预测，可计算出相应竹林生态系统及其各组分的碳储量变化（图 2-5 和表 2-11）。从图 2-5 可看出，在今后 50 年内，如果按现有竹林面积的增长速度，中国竹林生态系统碳储量将会呈指数递增；如果考虑竹林面积增长与森林面积增长相适应，中国竹林面积及生态系统碳储量会一直保持不断增长，但其年增幅逐渐减小，2010 年以前平均年增幅为 0.55% ，2010 ~ 2020 年为 1.51% ，2020 ~ 2030 年为 0.90% ，2030 ~ 2040 年为 0.57% ，2040 ~ 2050 年为 0.54% 。总的说来，未来 50 年内中国竹林生态系统将具有稳步增长的碳汇能力。

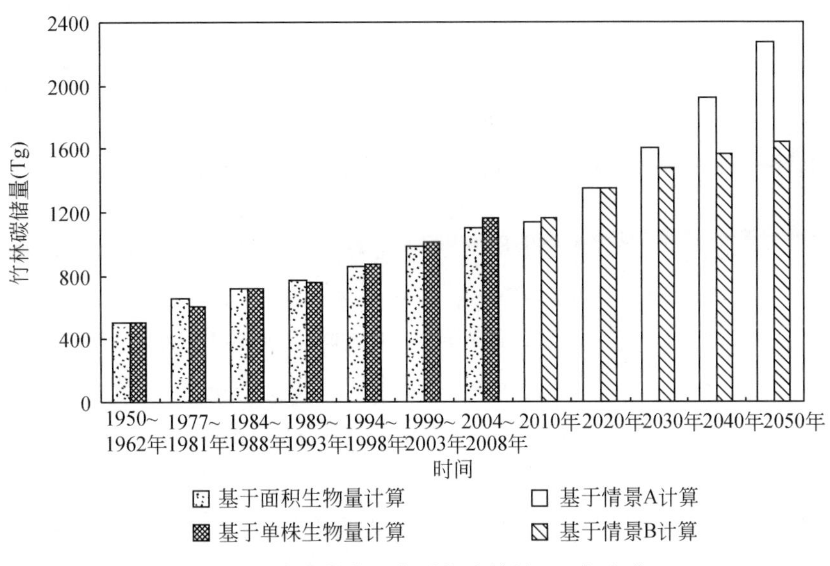

图 2-5　中国竹林生态系统碳储量 100 年变化

表 2-11　两种情景下的竹林碳储量预测　　（单位：Tg）

组分/年份	2010		2020		2030		2040		2050	
	情景 A	情景 B	情景 A	情景 B	情景 A	情景 B	情景 A	情景 B	情景 A	情景 B
生物质	269.98	275.62	321.36	320.10	381.95	349.97	454.18	370.45	540.45	390.93
土壤层	847.14	865.39	1008.36	1003.79	1198.47	1098.09	1425.08	1161.97	1695.80	1225.85
林下植被层	8.52	8.71	10.14	10.10	12.06	11.05	14.34	11.69	17.06	12.33
枯落物层	12.09	12.35	14.39	14.32	17.10	15.67	20.33	16.58	24.20	17.49
合计	1137.74	1162.06	1354.25	1348.31	1609.58	1474.77	1913.93	1560.68	2277.51	1646.60

参 考 文 献

安艳飞，周本智，温从辉，等. 2009. 不同经营方式对绿竹地下结构和林分生物量的影响. 林业科学研究，22（1）：1-6.

陈礼光，连进能，洪伟，等. 2000. 杉木毛竹混交林造林效果评价. 福建林学院学报，20（4）：309-312.

陈连庆，裴致达. 1991. 竹林间种竹荪对其土壤理化性质的影响. 林业科技通讯：29-30.

陈乾富. 1999. 毛竹林不同经营措施对林地土壤肥力的影响. 竹子研究汇刊，18（3）：19-24.

陈先刚，张一平，张小全，等. 2008. 过去50年中国竹林碳储量变化. 生态学报，28（11）：5218-5227.

陈孝丑，刘广路，范少辉，等. 2012. 连续施肥对毛竹林生长特征及生物量空间构型的影响. 浙江农林大学学报，29（1）：52-57.

丁新新. 2009. 不同混交模式对毛竹林土壤有机碳及土壤呼吸的影响. 福建农林大学.

丁正亮，王蕾，刘西军，等. 2011. 安徽霍山毛竹林生产力及其土壤养分的特点. 经济林研究，29（1）：72-76.

董文渊，黄宝龙，谢泽轩，等. 2002. 筇竹无性系种群生物量结构与动态研究. 林业科学研究，15（4）：416-420.

杜满义. 2010. 不同类型毛竹林碳库特征研究，中国林业科学研究院.

杜满义，范少辉，漆良华，等. 2010. 不同类型毛竹林土壤碳、氮特征及其耦合关系. 水土保持学报，24（4）：198-202.

杜有新，吴从建，周赛霞，等. 2011. 庐山不同海拔森林土壤有机碳密度及分布特征. 应用生态学报，22（7）：1675-1681.

范少辉，刘广路，苏文会，等. 2011. 闽西北不同类型毛竹林生物量分布格局. 安徽农业大学学报，38（6）：842-847.

方晰，田大伦，项文化. 2010. 间伐对杉木人工林生态系统碳贮量及其空间分配格局的影响. 中南林业科技大学学报：自然科学版，30（011）：47-53.

冯帅，李贤伟，黄从德，等. 2010. 四川洪雅退耕还林地麻竹生物量和碳储量. 四川农业大学学报，28（3）：296-301.

高志勤. 2006. 不同毛竹纯林枯落物养分含量和贮量的比较. 南京林业大学学报（自然科学版），30（3）：51-54.

高志勤，傅懋毅. 2005. 毛竹林等不同森林类型枯落物水文特性的研究. 林业科学研究，18（3）：274-279.

何亚平，费世民，蒋俊明，等. 2007. 长宁毛竹和苦竹有机碳空间分布格局. 四川林业科技，28（5）：10-14.

黄承才. 2001. 浙江省毛竹林和茶园土壤碳库的研究. 绍兴文理学院学报，21（1）：55-57.

黄承才，张骏，江波，等. 2006. 浙江省杉木生态公益林凋落物及其与植物多样性的关系. 林业科学，42（6）：7-12.

黄启民，沈允钢，杨迪蝶. 1993. 毛竹林的初级生产力研究. 林业科学研究，6（5）：536-540.

江业根，洪顺山. 1987. 毛竹林林下植被对土壤氮素、有机质含量影响的调查研究. 竹类研究，（2）：21-25.

蓝斌，洪伟，吴承祯，等 . 1999. 毛竹林群落能量结构研究 . 福建林学院学报，19（1）：20-22.
雷丕锋，项文化，田大伦，等 . 2004. 樟树人工林生态系统碳素贮量与分布研究 . 生态学杂志，23（4）：25-30.
李海奎，雷渊才，曾伟生 . 2011. 基于森林清查资料的中国森林植被碳储量 . 林业科学，47（7）：7-12.
李海涛，王姗娜，高鲁鹏，等 . 2007. 赣中亚热带森林植被碳储量 . 生态学报，27（2）：693-704.
李江，黄从德，张国庆 . 2006. 川西退耕还林地苦竹林碳密度、碳贮量及其空间分布 . 浙江林业科技，26（4）：1-4.
李克让，王绍强，曹明奎 . 2003. 中国植被和土壤碳贮量 . 中国科学 D 辑，33（1）：72-80.
李艳红，陈双林，刘丽，等 . 2009. 林地有机材料覆盖退化雷竹林地上部分生物量研究 . 中国农学通报，25（08）：102-107.
李振基，林鹏，丘喜昭 . 1993. 闽南毛竹林的生物量和生产力 . 厦门大学学报（自然科学版），32（6）：762-767.
李正才，徐德应，傅懋毅，等 . 2007. 北亚热带土地利用变化对土壤有机碳垂直分布特征及储量的影响 . 林业科学研究，20（6）：744-749.
李正才，杨校生，蔡晓郡，等 . 2010. 竹林培育对生态系统碳储量的影响 . 南京林业大学学报（自然科学版），34（1）：24-28.
李忠，孙波，林心雄 . 2001. 我国东部土壤有机碳的密度及转化的控制因素 . 地理科学，21（4）：301-307.
林波，刘庆 . 2001. 中国西部亚高山针叶林凋落物的生态功能 . 世界科技研究与发展，23（5）：49-54.
林传文 . 2005. 不同立竹密度下茶秆竹林生长的响应 . 福建林业科技，32（3）：62-64.
林华 . 2002. 毛竹林生态系统生物量动态变化规律研究 . 林业科技开发（增刊），16：26-27.
林华 . 2009. 苦竹笋材兼用林地上部分生物量分配规律研究 . 竹子研究汇刊，28（4）：27-30.
林新春，方伟，李贤海，等 . 2004. 苦竹种群生物量研究 . 竹子研究汇刊，23（2）：27-29.
林益明，林鹏，温万章. 1998a. 绿竹林碳、氮动态研究 . 竹子研究汇刊，17（4）：25-30.
刘庆，钟章成 . 1996. 斑苦竹无性系种群生物量结构与动态研究 . 竹类研究，（1）：51-56.
刘应芳，黄从德，陈其兵 . 2010. 蜀南竹海风景区毛竹林生态系统碳储量及其空间分配特征 . 四川农业大学学报，28（2）：136-140.
刘正刚，洪祖荣 . 2011. 华西雨屏区退耕还林地杂交竹林碳储量特征研究 . 安徽农业科学，39（17）：10287-10288.
骆土寿，陈永富 . 2000. 海南岛霸王岭热带山地雨林采伐经营初期土壤碳氮储量 . 林业科学研究，13（2）：123-128.
马乃训，张文燕，楼一平，等 . 1996. 竹林丰产栽培技术 . 北京：中国林业出版社 .

马少杰，李正才，王斌，等 . 2012. 不同经营类型毛竹林土壤活性有机碳的差异 . 生态学报，32（8）：2603-2611.

聂道平 . 1994. 毛竹林结构的动态特性 . 林业科学，30（3）：201-207.

宁晓波，项文化，王光军，等 . 2009. 湖南会同连作杉木林凋落物量 20 年动态特征 . 生态学报，29（009）：5122-5129.

漆良华，刘广路，范少辉，等 . 2009. 不同抚育措施对闽西毛竹林碳密度、碳贮量与碳格局的影响. 生态学杂志 . 28（8）：1482-1488.

邱尔发，陈卓梅，郑郁善，等 . 2004. 山地麻竹笋用林生态系统生物量、生产力及能量结构 . 林业科学研究，17（6）：726-730.

邱银河 . 2007. 撑麻七号竹地上部分生物量分配研究 . 学术园地，5（3）：29-31.

苏阿兰 . 2011. 福建省毛竹林生态系统碳汇量时空变化特征分析 . 福州：福建农林大学

苏智先，钟章成 . 1991. 缙云山慈竹种群生物量结构研究 . 植物生态学与地植物学学报（北京），15（3）：240-252.

孙刚，邓文鑫，王陆军，等 . 2009. 安徽肖坑天然毛竹林生产力及其土壤养分特点 . 经济林研究，27（3）：28-32.

孙天任，唐礼俊，魏泽长 . 1986. 水竹（*Phyllostachys heteroclada*）人工林生物量结构的研究 . 植物生态学与地植物学学报，10（3）：190-198.

田大伦，王新凯，方晰等 . 2011. 喀斯特地区不同植被恢复模式幼林生态系统碳储量及其空间分布. 林业科学，47（9）：7-14.

汪业勖 . 1999. 中国森林生态系统区域碳循环研究 . 中国科学院 .

王兵，王燕，郭浩，等 . 2009. 江西大岗山毛竹林碳贮量及其分配特征 . 北京林业大学学报，31（6）：39-42.

王兵，杨清培，郭起荣，等 . 2011. 大岗山毛竹林与常绿阔叶林碳储量及分配格局 . 广西植物，31（3）：342 - 348.

王兵，魏文俊 . 2007. 江西省森林碳储量与碳密度研究 . 江西科学，25（6）：681-687.

王冬云，张卓文，苏开君，等 . 2008. 广州流溪河流域毛竹林的水文生态效应 . 浙江林学院学报，25（1）：37-41.

王凤友 . 1989. 森林凋落量研究综述 . 生态学进展，6（2）：82-89.

王鹏程，邢乐杰，肖文发，等 . 2009. 三峡库区森林生态系统有机碳密度及碳储量 . 生态学报，29（1）：97-107.

王绍强，刘纪远，于贵瑞 . 2003. 中国陆地土壤有机碳蓄积量估算误差分析 . 应用生态学报，14（5）：797-802.

王太鑫，丁雨龙，李继清，等 . 2005. 巴山木竹种群生物量结构研究 . 竹子研究汇刊，24（1）：20-24.

王新闯，齐光，于大炮，等 . 2011. 吉林省森林生态系统的碳储量，碳密度及其分布 . 应用生态学报，22（8）：2013-2020.

王雪芹，张奇春，姚槐应 . 2012. 毛竹高速生长期土壤碳氮动态及其微生物特性 . 生态学报，35（5）：1412-1418.

王莹，阮宏华，黄亮亮，等 . 2010. 围湖造田不同土地利用方式土壤活性有机碳的变化 . 生态学杂志，29（4）：741-748.

王勇军，黄从德，王宪帅，等 . 2009. 慈竹林生态系统碳储量及其空间分配特征 . 福建林业科技，36（2）：6-9.

温太辉 . 1990. 竹林生产力因子的评价 . 竹研究汇刊，9（2）：1-9.

巫启新 . 1983. 贵州毛竹林类型与林分结构的研究 . 竹子研究汇刊，2（1）：112-124.

吴家森，姜培坤，王祖良 . 2008. 天目山国家级自然保护区毛竹扩张对林地土壤肥力的影响 . 江西农业大学学报，30（4）：689-692.

肖复明 . 2007. 毛竹林生态系统碳平衡特征的研究，中国林业科学研究院 .

肖复明，范少辉，汪思龙，等 . 2007. 毛竹（*phyllostachy pubescens*）、杉木（*cunninghamialanceolata*）人工林生态系统碳贮量及其分配特征 . 生态学报，27（7）：2794-2801.

徐道旺，陈少红，杨金满 . 2004. 毛环竹笋用林生物量结构调查分析 . 福建林业科技，31（1）：67-70.

徐秋芳，刘力，洪月明 . 1998. 高低产毛竹林地土壤酶活性分析 . 竹子研究汇刊，17（3）：37-40.

徐秋芳，张许昌，王绪南，等 . 2008. 毛竹林与马尾松林土壤生物学性质及微生物功能多样性比较. 浙江林业科技，28（3）：8-12.

徐秋芳，姜培坤 . 2004. 不同森林植被下土壤水溶性有机碳研究 . 水土保持学报，18（6）：84-87.

许文强，陈曦，罗格平，等 . 2009. 干旱区三工河流域土壤有机碳储量及空间分布特征 . 自然资源学报，24（10）：1740-1747.

严茂超，杨柳春，李海涛，等 . 2004. 鸡公山自然保护区森林植被生物量及活碳蓄积量研究 . 湖南林业科技，24（4）：1-6.

杨清培，王兵，郭起荣，等 . 2011. 大岗山毛竹扩张对常绿阔叶林生态系统碳储特征的影响 . 江西农业大学学报，33（3）：529-536.

余英，费世民，何亚平，等 . 2005. 长宁苦竹种群结构和地上生物量研究 . 四川林业科技，26（4）：91-93.

俞益武，吴家森，姜培坤，等 . 2002. 湖州市不同森林植被枯落物营养元素分析 . 浙江林学院学报，19（2）：153-156.

张昌顺，范少辉，谢高地 . 2010. 闽北典型毛竹（*phyllostachys edulis*）林土壤酶活性及其与土壤肥力的关系．自然资源学报，25（2）：236-248.

张昌顺，范少辉，谢高地．2010. 闽北毛竹林枯落物层持水功能研究．林业科学研究，23（2）：259-265.

张喜，张信民，王建平．1996. 光箨篌竹林的物质分配与养分循环．竹子研究汇刊（浙江），15（3）：67-81.

赵超，王兵，戴伟等．2010. 不同海拔毛竹土壤酶活性与土壤理化性质关系的研究．河北林果研究，25（1）：1-6.

郑郁善，陈敬芬．1998a. 密度对肿节少穗竹生长影响的研究．竹子研究汇刊（浙江），17（4）：40-43.

郑郁善，陈明阳，赵荣军．1998b. 肿节少穗竹各器官生物量模型研究．福建林学院学报，18（2）：159-162.

郑郁善，陈礼光，洪伟．1998c. 毛竹杉木混交林生产力和土壤性状研究．林业科学，34（专刊）：16-25.

郑郁善，陈礼光，王舒凤．2000. 笋竹两用丰产林不同经营模式评价．竹子研究汇刊，19（2）：27-29，39.

周本智，邹跃国，吴良如．1999. 闽南麻竹人工林地上部分现在生物量的研究．林业科学研究，12（1）：47-52.

周国模．2006. 毛竹林生态系统中碳储量、固定及其分配与分布的研究．浙江大学．

周国模，姜培坤．2004. 毛竹林的碳密度和碳贮量及其空间分布．林业科学，40（6）：20-24.

周国模，吴家森，姜培坤．2006. 不同管理模式对毛竹林碳贮量的影响．北京林业大学学报，28（6）：51-55.

周国模，徐建明，吴家森，等．2006. 毛竹林集约经营过程中土壤活性有机碳库的演变．林业科学，42（6）：124-128.

周世强，黄金燕．1998. 卧龙自然保护区冷箭竹林的初步研究．四川林业科技，19（2）：1-6.

周玉卿．2004. 井冈寒竹种群生物量结构初步研究．西北农业学报，13（4）：120-123.

周玉荣，于振良，赵士洞．2000. 我国主要森林生态系统碳贮量和碳平衡．植物生态学报，24（5）：518-522.

朱志建，姜培坤，徐秋芳．2006. 不同森林植被下土壤微生物量碳和易氧化态碳的比较．林业科学研究，19（4）：523-526.

Fang，Chen，Peng，et al. 2001. Changes in forest biomass carbon storage in China between 1949 and 1998. Science，292（5525）：2320-2322.

Post Emanuel，Zinke，et al. 1982. Soil carbon pools and world life zones. Nature，298：156-159.

Post，Mann. 1990. Changes in soil organic carbon and nitrogen as a result of cultivation. Soils and the Greenhouse Effect：410-416.

第 3 章

Chapter 3

VER 市场及碳汇项目开发标准

3.1 VER 市场的供给机制

国际自愿减排（VER）市场近几年的发展证明，自愿减排标准（VER 标准）是促进自愿型市场趋于完善的重要动力之一（王遥，2010）。2005 年之前碳交易总量为 7500 万 tCO_2e，到 2005 年的 1200 万 tCO_2e，2006 年的 2800 万 tCO_2e（世界银行，2007），发展到 2007 年的 7000 万 tCO_2e（世界银行，2008），2008 年碳交易量进入快速成长期，翻一番达到 1.23 亿 tCO_2e（世界银行，2009），2009 年受到金融危机持续影响及部分地区自愿市场的萎靡，交易量为 9800 万 tCO_2e（世界银行，2010；Ecosystem Marketplace，2010），2010 年的交易量为 1.33 亿 tCO_2e①（世界银行，2011；Ecosystem Marketplace，2011），2011 年为 9500 万 tCO_2e（世界银行，2012；Ecosystem Marketplace，2012）（图 3-1）。

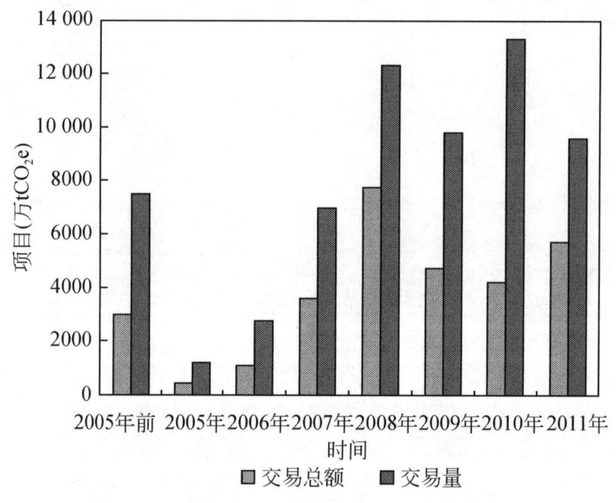

图 3-1　国际 VER 市场历年交易情况表

从交易量及交易总额上可以发现，自愿碳市场的交易量处于一个起伏上升的状态。除了近 5 年来全球对气候变化问题重视程度的不断提高，企业践行社会责任的压力日益加大，以及非政府组织（NGO）环境报告机制的日趋

① 2011 年统计为 1.31 亿 tCO_2e，后经修正为 1.33 亿 tCO_2e

完善成熟等因素外，VER 标准在实践中的不断规范化和标准化也是一个重要因素。

3.1.1 VER 标准的作用

国际 VER 市场在行业规范和标准化方面，已形成一套完善体系。对所有自愿核证减排量（VERs）的最基本要求，就是需要通过一个市场认可的独立第三方进行核证（图 3-2）。

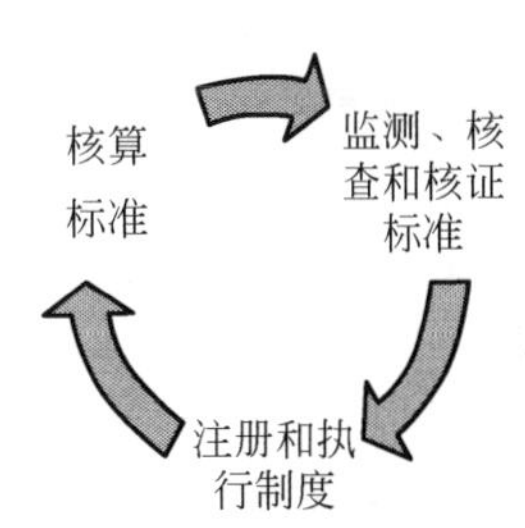

图 3-2 完整碳抵消标准三步

根据 TFS Green 长年参与国际市场碳交易的经验，除了买方提出的社区参与、技术转让及对项目所在国造成的影响等要求之外，通常市场对“额外性”等最基本的要求都会由 VCS 之类的标准反映出来；黄金标准（Gold Standard）除了满足 VCS 提出的相关要求，还能够保证利益相关方反馈及项目环境影响评估的可靠性。同黄金标准相比，由非政府组织开发气候、社区和生物多样性标准（CCBS）更加倾向于项目对社区和生物多样性的评价，目前该标准多用于林业自愿碳市场，近年来，还有一系列新的 VER 标准开始盛行，例如，由联合国气候变化框架公约（UNFCCC）指定的核证机构 TUV SUD 发布的 VER+标准，以及在美国受到青睐的 ISO14045 标准。根据其内容，业内将 VER 市场上碳抵消的标准分为完整标准与不完整标准两大类。完整标准是指对碳抵消项目从审核、注册到核查、核证等一系列过程均作出相应规定，包括核算标准、监测核查和核证标准、注册和执行制度三大部分，可独立使用；不完整标准则局限于某一个或某几个程序的参与，单独使用无法完成项目，须与其他标准配套（郭日生和彭斯震，2010）（表 3-1）。

尽管这些 VER 标准的内容和要求各有不同，但其基本的作用都是切实保障环境完整性（environmental integrity），保证供应方与需求方的公平交易及其价格的合理性。同样是基于项目的市场，与清洁发展机制（CDM）市场相比，VER 市场发展了一套相对简单的审批程序，但为了避免破坏市场长期发展的秩序，保证交易质量及自愿减排事业的公平公正及可持续发展，保障 VERs 的价格稳定及市场需求的平衡，VER 标准制订需遵循一系列重要原则，包括：额外性（additionality）原则、可持续性（sustainability）原则、可核证性（verifiability）原则与可靠性（reliability）原则。

表 3-1 从内容完整性角度进行的 VER 标准分类（部分）

内容完整性	标准①
完整的碳抵消标准	黄金标准（gold standard）*②
	气候行动储备（CAR）*
	自愿减排标准（VCS）*
	熊猫标准（panda standard）*
	自愿性核证减排标准（standard for verified emission reduction，VER+）
	芝加哥气候交易所标准（CCX）
不完整的碳抵消标准	自愿抵消标准（voluntary offset standard，VOS）*③
	气候、社区及生物多样性标准（CCBS）*
	国际标准 ISO14064-2
	项目核算的温室气体议定书

①＊表示该标准内包含林业碳汇部分。

②黄金标准在 2012 年 9 月 18 日宣布同 CarbonFix 合作后，范围拓展到了林业领域。

③接受其他标准和方法的碳抵消筛选机制，该标准目前接受黄金标准和采用清洁发展机制程序的项目

VER 核证必须保证额外性。额外性是从 CDM 市场借用过来的一个概念，在保证减排量的基础上，VER 项目比传统的 CDM 项目更强调可持续性，尤其是对当地经济和社会发展所带来的益处。至于 VER 项目减排量的核证，也必须由一个独立第三方来进行，它既可以是 UNFCCC 指定的 CDM 项目审核单位（DOE），也可以是那些能够认证可核证减排量的机构，或者是专业的环境咨询机构。同时，由于买方担心 VERs 被多次转售，而该市场又没有统一的注册中心，因而自愿市场的项目也需要可靠的注册中心来保证项目的真实可靠。

3.1.2 国际主要 VER 标准及其市场份额

根据碳抵消减排参与方的反馈，2011 年度在各种现存标准中依照参与公司数量排名前五位的是：自愿碳标准 VCS（58%）、气候行动储备 CAR（12%）、黄金标准（12%）和 CCB 等其他标准（18%）（表 3-2）。各类标准

的用途（图3-3）和之间的区别（表3-3）差异也比较大。

表3-2　国际主要VER标准及其市场份额

项目	标　　准	市场份额/%
1	自愿碳标准（VCS）	58
2	气候行动储备（CAR）	12
3	黄金标准（GS）	12
4	其他标准	18

表3-3　主要VER标准的比较

主要支持机构/个人	市场份额	额外性测试	第三方核证	将核证与批准过程分开	注册	项目类型	排除不利影响的高风险项目	共同利益	抵消额价格
黄金标准（GS）									
非政府环境组织（例如，WWF）	小，但正在增长	=/+	有	有	已经设计	可再生能源及终端能源效率改善类项目	是	+	VERs：10～20欧元 CERs：溢价高达10欧元
自愿减排标准2007（VCS2007）									
市场主体（例如，IETA）	新，可能大	=	有	没有	已经设计	除了new HFC项目外的所有项目	不是	—	5～15欧元
VER+									
市场主体（例如，南德意志集团）	小，但正在增长	=	有	没有	有	除了new HFC项目、核能项目和大型水电项目以外的所有项目	是	—	5～15欧元
CCX标准									
CCX会员及市场主体	在美国占有很大份额	—	有	有	有	所有项目	不是	—	1.2～3.1欧元
自愿碳抵消标准（VOS）									
金融业及市场主体	暂时没有	=	有	没有	已经设计	除了new HFC项目、核能项目和大型水电项目以外的所有项目	是	=	暂时没有交易量

资料来源：世界自然基金会

3.1.2.1　VCS

VCS是在国际排放交易协会（IETA）、气候小组（CG）与世界经济论坛（WEF）联合倡议下提出的标准，引用ISO14064-2条款，对温室气体减排项目进行量化、监测与报告，为有意愿进行温室气体减排的企业提供一个自愿减排平台。VCS旨在提供一个可靠而简单可行的标准来提供完整的自主碳市场，确保投资者、买方和其他使用者明白，所有的项目基于独立认证产生的减排量都具有真实性、可量化、额外性和长期性。

VCS标准的作用主要体现在两个方面，一是促进应对气候变化的商业活动，二是促进VER交易活动。它可以帮助增加低碳产生项目，提高公众对气候变化解决办法的认识，通过鼓励提供减排技术投资促进公司和个人转换成低碳能源系统。同时，通过减少不同项目商业价值的评价步骤，可以简化VER交易过程；通过提供获批准VCS项目的注册，可以向用户提供先进的保管与报告平台，保证透明性和防止重复计算；此外，它还能通过不同方法来设计、实施和评价项目的减排量，为其他项目和规则的建立提供经验。

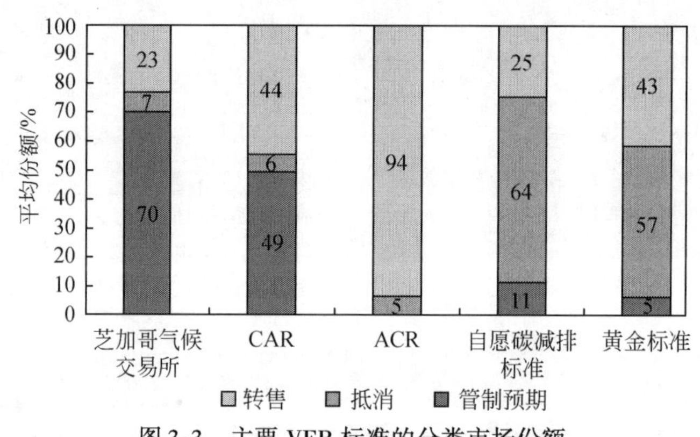

图3-3　主要VER标准的分类市场份额

资料来源：根据生态系统市场公司和彭博新能源财经公司研究99个项目得出的结果，2009

基于VCS标准产生的减排量单位为“自主碳单元”（VCU），1个VCU等于1t（公吨）经过注册和批准的二氧化碳减排当量。项目注册和VCUs的管理由VCS筹划委员会负责。为了向买方、卖方和其他使用者提供充分的保障，所有拟议的减排量（VCUs）认证必须由有资格的独立第三方认证机构进行，其专家必须在国内或者业内有一定经验和水平。

由于透明性是标准信誉和公众接受度的一个关键因素，VCS 要求：项目投资人制作的项目文件和认证报告应该向公众公布，所有达到 VCS 注册要求的项目都将在 VCS 的官方网站上公布；所有 VCUs 在注册时需要缴纳相关费用，每吨 VCUs 有一个唯一的序列号，允许公众在 VCU 查询到生产该 VCU 的项目，了解它的大致情况和公布的年份；注册后的 VCS 项目应向 VCS 筹划委员会和公众提供所有相关信息。

3.1.2.2 黄金标准（Gold Standard，GS）

黄金标准由世界自然基金会（WWF）、南南–南北合作组织（South-South North Initiative）和国际太阳组织（Helio International）发起，管理者是成立于 2004 年的黄金标准秘书处。黄金标准秘书处的组织和实施，最初是由巴塞尔可持续能源署（BASE）主办。2006 年成立了黄金标准基金会，以便独立地履行碳市场的监管职责。黄金标准的资金来源包括捐助、发行费和特许费收入。黄金标准的一大特色是“黄金标识”，不但可用于项目本身（已完成审定的项目），也可用于具有黄金标识的项目所产生的信用额。

黄金标准是第一个针对 CDM 和联合履约（JI）温室气体减排项目开发的独立的基准方法，具有良好的实用性，它为项目开发商提供了确保这两类项目可产生有利于可持续发展的真实可靠的环境效益的方法。通过提高和扩大 CDM 项目，黄金标准希望提高碳抵消额的质量和扩大附加效益。从大范围的项目来看，黄金标准与 CDM 的需求是相同的，但是与 CDM 不同的是，对于小的项目还有其他的规则要求。黄金标准的 CDM 规则和程序（GSv0）于 2003 年推出，它与 CDM 对项目的要求基本一致。

在 VER 市场中的自愿黄金标准（GS-VER，GSv1 版）于 2006 年 6 月推出。GSv1 文件在当年 7 月和 2007 年 12 月分两次进行更新和明晰，所有的 GSv1 文件在 2008 年 8 月由“黄金标准的要求”和“黄金标准工具包”整合的规则和程序（GSv2）所替代。黄金标准对项目的额外性有三方面的要求：①该项目在不存在减排项目的情况下将由于资金、行政或其他障碍而无法实施；②该项目不属于“通常做法”的范围；③该项目的温室气体排放量低于未实施的情况（即基准线）。

黄金标准接受的项目类型包括可再生能源及终端能源效率改善类项目，不包括15MW以上的大型水电项目，实施地点不可以是有排放限额的国家。对项目规模和起始日期，该标准未作限制，但可获得的VERs开始时间不得早于注册的时间两年。项目不允许直接使用官方发展援助的资金，但规定这部分资金可用于项目设计文件（PDD）开发（包括开发一个新方法学）。从项目对环境和社会的影响方面看，为符合黄金标准的要求，项目必须采用从-2（较大的消极影响且不可能减轻）到+2（较大的积极影响）的评分体系来评估这些指标，项目若含有任何得分为-2指标，则不符合黄金标准的注册要求。截至2012年4月16日，有168个新项目正在申请注册，挂网项目334个，54个项目通过审定，99个项目注册成功，并有83个项目获得签发。共有50个国家的七百多个项目采用的黄金标准开发。

3.1.2.3 气候行动储备（CAR）

气候行动储备（CAR）启动于2008年（前身为加州气候行动注册处，CCAR），是一个针对美国碳市场的国家级碳抵消机制。

CAR规定了减排项目量化的标准及核查方法，这些服务由独立第三方核查机构执行，CAR负责监督该过程并跟踪碳信用额的流转和注销等过程。CAR的减排单位为CRTs。截至2012年11月，CAR已通过13个项目开发纲要（protocol）。2007年，CCAR同其他非政府组织合作，成立了气候注册处，作为包括美国、加拿大和墨西哥三国的北美地区自愿减排项目登记机构。2009年后，相关工作过渡到了CAR。

（1）参与方和买方

CAR的参与方和买方非常广泛。包括环境企业、金融机构、个人、非营利组织、政府机构和商业企业。截至2011年1月，CAR签发了来自271个项目的1040万tCRTs。其中包括77个注册（已完成核查）项目和194个受认可项目（有资格作为CAR项目）。

（2）项目类型

截至2012年11月，CAR通过13个项目开发纲要：森林（包括避免土地利用转换、优化森林管理和再造林）、美国禽畜、美国垃圾填埋、肥料（氮肥）管理、城市森林、墨西哥禽畜、墨西哥垃圾填埋、煤层气、硝酸生产、水稻种植、有机废物堆肥、有机废物消解和臭氧层消耗物质。其他正在开发项目开发纲要包括（截至 2011 年 11 月）：农业、农田管理、墨西哥森林。

(3) 项目位置

CAR 项目主要在美国，对于某些类型的项目，也可以在墨西哥进行。

(4) 额外性要求

被法律或者法规所强制要求执行的项目是不被 CAR 所认可并签发减排量的。CAR 采用标准化绩效手段（及行业基准线）对项目的额外性进行评估。对于不同类型的项目，其方法略有区别。

3.1.2.4 CCX 标准

芝加哥气候交易所（CCX）以自愿温室气体排放限额与交易计划为基础，是一个关于温室气体登记、减排及交易的商业金融系统。尽管参与者是自愿的，不过一旦参与，它们承诺的减排目标即具有法律约束力。CCX 有一套成熟的碳抵消标准。其会员须令其减排量低于所设立的基准线，未实现的须通过电子交易平台向其他超额完成目标的会员购买排放配额以兑现减排承诺。通过 CCX 抵消计划产生的抵消量也可用来实现减排目标，但用于履约的抵消量不得超过要求减排量的一半。

CCX 是一家在伦敦证券交易所创业板上市的公司，交易操作和管理的费用主要来自交易和抵消注册费以及会员的注册费和年费。它允许部分 CDM 注册项目产生的信用额进行交易，这些项目需由 CCX 碳抵消委员会批准，并移除其交易中的 CERs 以接受 CCX 所给予的信用额。自 2003 年开始实施以来，截至 2011 年 1 月，已有 137 个抵消项目产生 8400 万 t 信用额。

CCX 标准接受的项目类型包括以下八大类：①能源效率和燃料转换；②可再生能源；③煤矿和垃圾填埋产生沼气；④农业 CH_4（如厌氧消化）；⑤农业土壤固碳；⑥牧场土壤固碳；⑦林业固碳；⑧臭氧层消耗物质。目前，大多数 CCX 标准实施的项目都在美国。为避免重复计算，CCX 只接受非欧盟排放交易体系成员国产生的项目。在 CCX 进行的自愿碳抵消项目不得早于 1999 年 1 月 1 日，林业项目不得早于 1990 年 1 月 1 日，HFC 去除项目不得早于 2007 年 1 月 1 日。在 CCX 标准指导下，额外性同项目类型的资格标准合并，没有正式的基于项目的额外性评估，项目的额外性由 CCX 抵消委员会审查。

3.1.2.5 其他重要 VER 标准

（1）ISO14064 标准

ISO14064/ISO14065 标准是国际标准组织（ISO）组织 45 个国家的 175 位专家制定的用于政府和企业测量和减排的标准。协议目前包括 4 个部分：①组织报告，用于指导组织的定量化和温室气体排放物报告（ISO14064 第一部分）；②项目报告，用于指导项目支持方的定量化、监测和温室气体减排的报告（ISO14064 第二部分）；③确认和核实，用于指导组织和项目，以及温室气体减排的确认和核实（ISO14064 第三部分）；④确认和核实机构，指导温室气体确认或核实机构的要求（ISO14065）。

（2）碳友好（greenhouse friendly）

碳友好是澳大利亚政府的自愿碳抵消（offset）项目，致力于鼓励温室气体减排，为商业机构和消费者销售和购买碳中和产品与服务提供机会，它提供两种证书：碳减排者证书和碳中和者证书。

（3）CarbonFix 标准（CFS）

该标准于 2007 年建立，只针对林业项目。成为 CFS 项目需要通过 CFS 指定的第三方审计机构的证明。CFS 的操作是透明的，在线公布除了财务计算和碳核准证书价格以外所有的文件，CFS 客户可以在线从项目开发者直接购买被检定信用的 CFS，收取销售价格的 3% 作为交易手续费。

（4）自愿碳抵消标准（voluntary carbon offset standard）

这是 2007 年 6 月由欧洲碳投资者服务（ECIS）、巴克莱资本、荷兰银行、花旗、瑞士信贷、德意志银行和摩根士丹利等十大银行和金融机构建立的一个 VER 抵消标准。VOS 与 CDM 标准非常相近，目的在于降低自愿市场抵消额买家的交易风险。它的内容基本与 CDM 和 JI 类似，但是在地理上没有限制，主要针对澳大利亚和美国的减排项目，排除了 HFC-23 等工业瓦斯性项目。

(5) VER+标准

2007 年由项目核证机构南德意志集团（TüV SüD）开发而成，用于证明自愿碳抵消项目的碳中和和碳信用。标准以 CDM 和 JI 方法学为基础，被认为是京都标准的改进。VER+标准与 CDM 标准相似，又存在于 CDM 项目范围之外。与 VER+相配合，TüV SüD 还建立了蓝色注册（blue registry），目标是建立一个多样性的减排核证管理和注册平台，其他标准包括 CCX 和自愿碳标准也可以适用。

(6) 气候、社区和生物多样性标准（the climate community and biodiversity standards，CCBS）

这是一组项目设计标准，用于评估基于土地利用的碳减排项目和他们的社区和生物多样性共同利益。这些标准适用于 CDM 或自愿市场项目。作为一个项目设计标准，CCBS 可以在项目设计阶段为第三方确认，项目不仅具有减排作用，而且具有社区和生物多样性方面的利益。

(7) 社会碳（social carbon）

社会碳方法学和核证计划的建立者和拥有者是巴西的非政府组织 Ecológica。它的方法学以可持续生活方法为基础，重心集中于使用综合的评价方法体现社区价值和发掘人的潜力和资源，兼顾业已存在的利益关系和政治环境，从而提高项目的效率。目前，方法学也用于自愿市场项目。社会碳的方法学从 2000 年开始在拉丁美洲已经被用于水电、燃料转换和造林项目。

3.1.3 VERs 的商品化

VER 减排项目的开发，只是在市场供给方面迈出了第一步。真正要让这些减排量变成可销售的产品，还需经过商品化环节。这也是 VER 市场和 CDM 市场的主要区别之一。

3.1.3.1 如何商品化

如前所述，由于中国尚未承担量化减排义务，只是在 CDM 框架下通过开发减排项目向国外买方提供经核证的减排量，中国 CDM 行业尚未形成一个真正意义上的国内碳市场，只是在国际框架下的单向双边交易活动。因此，中外双方的 CERs 交易基本上都是项目级的，国际碳基金买下整个项目的减排量，然后拿到国际市场上拆分销售，从而完成了其商品化过程。商品化的关键一步，是完成减排量的登记注册，获得每吨减排量可以据以销售的序列号。

VER 则将是中国第一个真正意义上的碳市场。根据“熊猫标准”等中国自愿减排标准开发的减排量，完全在国内完成注册。VER 项目产生的减排量，在各个开发标准认可的注册处完成注册后，就基本实现了商品化，可以拆分销售了。北京奥运绿色出行产生的经过核证的 VERs，就被项目业主中国国际民间组织合作促进会拆分成了不同的部分在北京环境交易所进行销售和交易，其中超过 8000t 被天平汽车保险公司购买，用于抵消该公司成立以来产生的碳排放，实现了公司运营的碳中和；还有一些零星的减排量指标，被赠送给了美国一些国会议员和部长。

北京奥运绿色出行活动所产生的自愿减排量被拆分销售，是 VER 商品化过程中的历史性一步，在此之前，中国减排项目所产生的减排量大都是在项目层面进行整体销售。商品化虽然只是技术上的一小步，却是市场演进的一大步，因为它首次在交易所层面将真正意义上的碳交易引入到了国内市场，同时大大降低了买方的进入门槛，拓展了潜在的买方范围。此后在国内环境交易所挂牌的所有 VERs，都实现了商品化销售，比如一个湖南水电项目产生的减排量，也同样被拆分成了几个资产包，被不同的买方购买用于实现碳中和。

不过，商品化之后的 VERs 销售，仍然有 3 个问题需要解决。①VER 注销和减排信用额度证书的问题。因 VER 是以吨为单位在注册机构注册和注销，且以吨为单位分配一个唯一序列号，如果拆分了销售，将如何实现及时有效的注销并给予购买者有说服力的证书？这是拆分所面临的最直接的困难。②VER 电子交易平台改进的问题。如以拆分单位进行销售，那么就要仔细研究如何拆分、如何差别定价、如何管理支付等问题，并且需要对现有的 VER 电子交易平台系统包括个人绿色档案进行一个大幅度的改版。③与其他部门协调的问题。交易所内部还涉及 VER 销售和电子交易平台的若干部门是否认同以拆分方式销售 VER，以及如何与之前已经达成 VER 交易案例的客户们沟通取得谅解。

3.1.3.2 证券化及其前提条件

商品化只是 VERs 被开发成为交易所交易产品的第一步。真正要实现交易规模的放量，并且吸引主流金融机构参与交易，除了通过管制预期等方式赋予其更多的价值内涵之外，实现证券化拆分将是必不可少的一次跨越。这里所说的证券化拆分不是技术意义上的，而是金融意义上的。因为从技术意义上讲，只要 VERs 登记注册成功获得了每吨减排量的序列号，实际上就已经完成了证券化拆分；但从金融意义上讲，只有获得了证监会等金融监管部分的证券业务许可，VERs 的证券化才算真正实现，在此基础上，才可以继续开发期货乃至期权等碳金融产品，否则它仍然不过是普通意义上的商品而已。

3.2 VER 市场价格形成机制

VER 市场交易的出发点是“自愿”原则，需求方并没有强制性的购买义务，其最终的交易价格形成与强制性交易市场定价格机制并不完全相同。VER 市场的交易标的仍以碳抵消项目产生的碳信用额交易为主。从国际上已有的交易价格来看，表现出碳信用价格普遍偏低、受经济形势影响波动大的特征，各交易项目多方面的差异性也导致交易价格差别很大。

影响 VER 项目交易价格的因素，大致分为内部和外部两类：内部因素即与项目相关的因素，包括项目开发所使用的标准、项目类型、项目建设地点、交易量和交割日期、项目附加值等；外部因素即项目以外的因素，包括市场影响和政府影响。

3.2.1 内部因素

3.2.1.1 项目开发标准

碳抵消项目采用的项目开发标准是影响价格的最重要因素之一。越来越多的项目开发商选择利用独立的标准来开发减排项目，保证项目的额外性和提高项目的可信度，使碳信用额的价格更加理性和透明。开发标准的严格程度对于项目质量的约束和最终减排量的产生有至关重要的作用，目前被广泛应用的标准是VCS、黄金标准、CAR和CCX；就标准的严格程度而言，以CDM/JI和黄金标准最为严格。2009年，国际VER市场93%的买方采用经过独立标准开发的项目产生的碳信用额。在当年参与交易的碳信用额中，VCS等三大VER开发标准占据了整个市场份额的78%，其中VCS占35%，CAR占31%，CCX占12%（图3-4）。

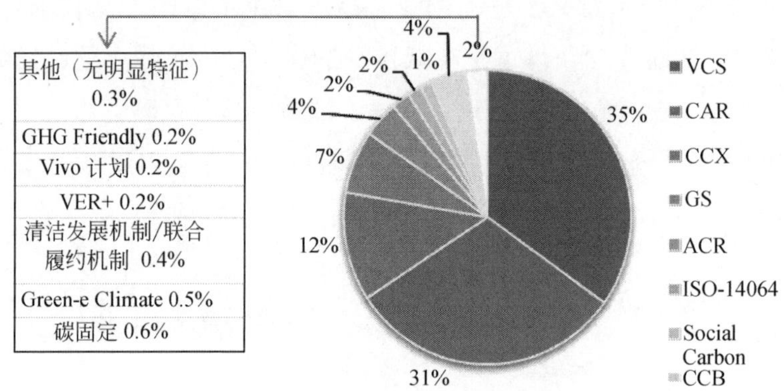

图3-4　2009年场外交易市场不同开发标准产生的交易量

资料来源：自愿碳交易市场现状2010

两年后市场情况发生了显著变化，以VCS为代表的工业类项目开始占据市场的半壁江山，其标准内涵也从工业衍生至农林业，尤其是以南美洲地区REDD项目为代表的林业，在部分国家支持下，开始成为市场上追逐的新热点。2011年市场份额为：VCS占58%，GS和CAR分占12%，CCX则只占不到1%。

项目开发依据的标准不同最终会影响到VERs成交的价格。从2009年的表现来看，CDM/JI机制的价格最高，2009年的平均交易价格为15.2美元/t；CCX标准最低，2009年的平均交易价格仅为0.8美元/t。VCS标准是目前全球范围交易量最大的一个标准，近几年根据VCS标准开发的VERs的价格呈显著上升趋势。2008年比2007年高约33%，高于VER市场整体价格上升幅度（图3-5）。

3.2.1.2　项目类型

无论对买方还是卖方，项目类型都是影响VERs价格的重要因素。从卖方角度看，项目类型不同，项目开发所购买的设备、使用的技术、项目的启动资

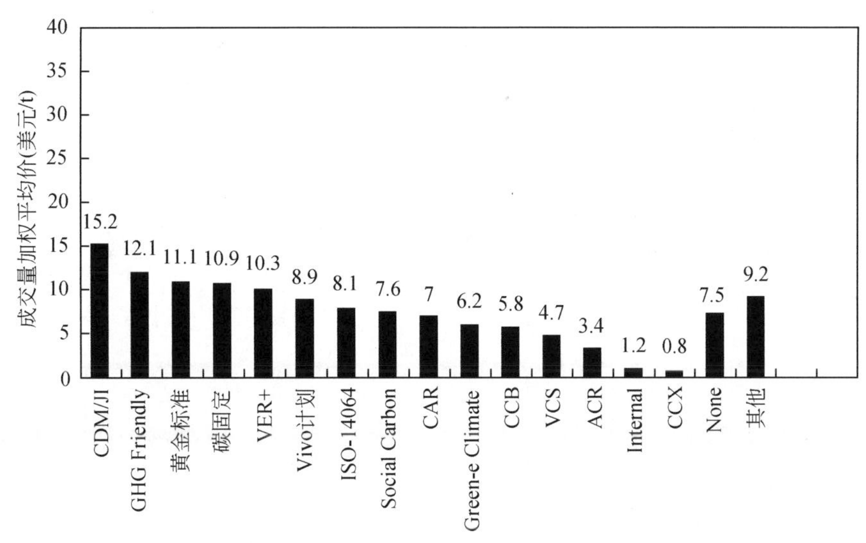

图 3-5　2009 年场外交易市场不同标准开发项目的价格

资料来源：自愿碳交易市场现状 2010

金、运营、维修保养费用等都会有所不同，从而使项目建设成本不同，导致碳信用额开发的成本产生差异。从买方角度看，不同的项目类型能够满足不同买方的购买偏好。例如，买方可能会倾向于可再生能源项目，原因是该类项目比较为外人所熟知，带来的环境效应较高等，偏好不同则会导致价格的差异。

2009 年，不同项目类型 VERs 的交易价格大致分为 3 个等级。①高价格（8 美元/t 以上）：从市场表现来看，再生能源项目的价格普遍较高，例如，太阳能项目为 33. 8 美元/t，生物质能项目为 12. 3 美元/t，甲烷类项目为 9. 6 美元/t，能效项目为 9. 2 美元/t。②中等价格（4 ~ 8 美元/t）：项目类型有垃圾填埋和森林管理等。③低价格（4 美元/t 以下）：项目类型有森林保护、农业类、废水处理、大型水电和工业天然气等（图 3-6）。

3. 2. 1. 3　项目建设地点

项目建设地点的不同也会导致价格的不同。2009 年的 VER 市场上，价格最高的项目来自莫桑比克（10 美元/t）、土耳其（9. 6 美元/t）和德国（9. 0 美元/t）。其中，欧盟地区的价格增长最快，从 2008 年的 8. 2 美元/t 上升至 2009 年的 13. 9 美元/t；而亚洲、拉美地区和美国的价格都有明显下降，如亚洲地区交易项目产生的大规模碳信用额都来自相对便宜的水电，虽然有些生物

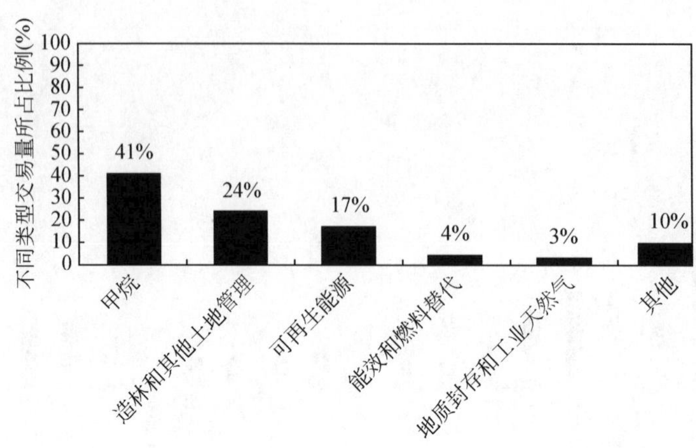

图 3-6　2009 年不同项目类型的交易量

资料来源：生态市场、新碳金融

质能和能效项目产生价格较高的碳信用额，但因为其规模太小，无法拉动整个亚洲的碳信用额价格，亚洲的平均价格仅为 5.9 美元/t（图 5-7）。

3.2.1.4　交易量和交割日期

交易量对最终成交价格也有显著影响。根据彭博新能源财经公司出版的碳金融指数的统计，总体上看，规模小于 10 万 t 的项目交易价格比大于 10 万 t 的项目要高出 31%。

产生这一现象的原因，可以从以下两方面解释：一是 VER 市场部分买家愿意为小笔 VER 交易支付高于市场的溢价；二是大笔 VER 交易目前可能存在交易难度。

而交割日期对于价格的影响反映在买家购买碳信用额的不同用途上。纯自愿碳交易市场的大部分买方更倾向于购买已经产生的碳信用额，这部分碳信用额更容易得到较高的价格。从实际表现来看，2009 年市场中的纯自愿碳交易市场买方对 2008 年、2009 年交货的项目更感兴趣，因此交易价格也更高（图 3-7）。

主要原因是：买方可以将这部分信用额立即用来抵消自己的排放量，买方还可以充分规避潜在的风险，例如质量得不到保证，项目资金出现问题等。从这方面看，中国部分没有在联合国注册成功的 CDM 项目，如果能够转为 VER 项目，在价格方面是占优势的。

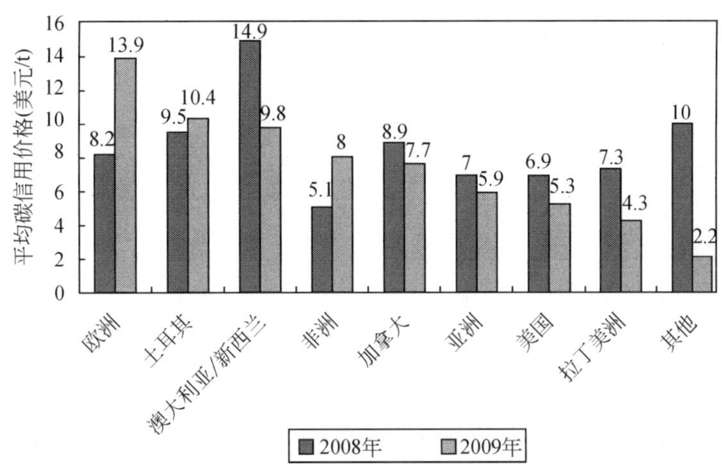

图 3-7　2008 年和 2009 年场外交易市场的地点与平均碳信用价格

资料来源：自愿碳交易市场现状 2010

而应对管制预期的买方则更愿意花高价购买未来产生的碳信用额，用于抵消未来必须加入的强制减排体系所要求的减排量。例如从美国远期 CAR 价格走势可以看出，加利福尼亚州原计划 2012 年开始加入强制性减排体系，因此很多企业高价购买远期 CAR，争取从“预先行动”中获益。

3.2.1.5　项目附加值

在 VER 市场中，由于大部分交易都是以项目形式开展，除了减排量，买家同时会关注开发这个项目对于当地的生态、社区、经济等方面产生的其他附加效益。对于买方而言，如果这部分附加效益与自身企业社会责任定位相同，与企业追求的环境理念或者可持续发展理念相同，或者更有利于企业宣传自己，则更愿意出高价购买此类项目产生的碳信用额。虽然附加效益量化困难，但它确实也是影响交易价格的因素之一。

3.2.2　外部因素

影响 VERs 市场价格的外部因素主要分为两大类：一是市场影响，例如宏观经济形势、不同标准产生的碳信用额之间的竞争等；二是政府管理，例如政府干预或政府指导等。

3.2.2.1 市场影响

宏观经济形势对VER市场影响巨大。从全球市场看，VER交易最活跃的时期为2008年第三季度前，7月和8月VERs的平均价格上升至历史最高点8.4美元/t；2008年下半年金融危机爆发后，VER市场的交易价格和交易量大幅下降，2009年初的平均价格下降至5.2美元/t，交易量也从2008年年底的270万t下降到90万t。因为VER市场买方的购买动机大多是基于社会责任感和对外宣传，在经济衰退的时候，企业购买VERs抵消自身减排的动力明显减弱，市场需求降低，价格自然也随之降低。

同类产品参与竞争对VER市场的价格形成间接影响。目前，中国CDM项目的发展面临瓶颈，很多CDM项目没有通过注册，这类项目是基于CDM方法学开发的，在国际国内VER市场上均有较高的可信度。如果国内的部分此类CDM项目的碳信用额转为VER信用额，它的价格可能会明显高于使用其他标准开发的项目，例如VCS、VER+等，从而间接影响国内VER市场的交易价格。

3.2.2.2 政府影响

除了市场因素之外，VERs的价格还可能受到政府因素的很大影响。由于VER完全是一个人为创设的市场，它的需求很大程度上还需要被不断挖掘和创造出来，因此，来自政府的管制预期或者甚至某种关于强制性的暗示，都可能会对VERs的价格走向产生决定性的影响，因为这往往增加了VERs的潜在稀缺性，从而赋予了它一定的价值。大体说来，国际VER市场上，政府因素对VERs的价格影响主要有以下几种途径（图3-8）。

（1）配额补充

如政府可以指定某些种类的碳抵消项目产生的碳信用额作为其领域内的碳交易体系的减排补充，政府对于项目类型的偏好会导致该类项目产生的碳信用额价格较高。

（2）管制预期

例如，由美国区域减排倡议（RGGI）体系产生的碳信用额在芝加哥气候

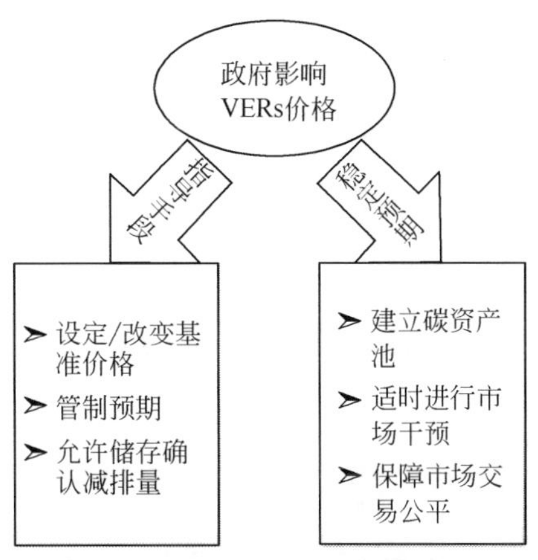

图 3-8　政府对 VERs 价格的影响

交易所的交易价格 2009 年初时曾有大幅上升的趋势，因为当时国会可能通过清洁能源法案，而 RGGI 的碳信用额有可能被美国全国性强制碳交易体系所认可。

3.2.3　中国 VER 市场的价格形成机制

上述内外两种因素，在未来中国 VER 市场上也会对 VERs 的价格形成产生类似的作用。由于中国 VER 市场创立的制度环境和市场条件与国际 VER 市场有很大差异，政府因素在 VERs 的价格形成机制中可能会发挥更大的作用，成为中国 VER 市场价格形成机制的鲜明特征。

3.2.3.1　项目开发标准

内部因素对价格的影响，很大程度上基于人们对 VER 项目自身减排价值的基本判断，这点中外市场其实并无差异。从项目自身的角度看，要强化未来中国 VER 项目的价值基础，项目开发标准的严谨和权威将成为重要的因素，因为这直接决定了项目的质量及其所产生的减排量的可信度。未来中国需要确定或制定一套国家级的 VER 项目开发标准，以保证碳信用额的质量。没有中国自己的 VER 项目开发标准，可能导致未来 VER 市场项目质量良莠不齐，难以形成一个具有公信力的价格基准。国家级的项目开发标准可以帮助政府制定合理的 VERs 指导价格区间，对市场发挥良好的引导作用。

开发标准可以将买家对项目类型、建设地点和项目附加值等因素的关心考虑在内。因为VER主要还是一个买方市场，而买方对这些因素的关切正是这类项目社会效益、生态效益和潜在经济效益的重要体现。目前，国际国内的众多买家都在寻找背后蕴藏“好故事”的碳抵消项目，中西部地区的农业、林业、土地利用等生态补偿类项目越来越受到追捧，基于严格标准开发的这类项目，可以通过价格机制引导更多资源投入当地循环经济、生态经济发展的项目，正是利用市场机制推进节能减排和环境保护的真谛。

3.2.3.2 政府因素

中国VER市场的建设过程中，政府的引导与推动不可或缺，而政府因素对未来VER市场的价格形成的影响可能也将举足轻重。这在CDM市场已经得到了充分的体现。

在未来中国VER市场上，政府对VERs价格的影响主要有以下几种可能。①政府对某些类型的项目（风电、太阳能、农林和土地利用等）制定基准价格，当然，这个基准价格既要能够涵盖项目真实的平均成本，又不能定得过高失去对市场的吸引力。②政府为鼓励某些地区和某些项目的开发，也可以适当调高这些项目的指导价格，或者对这类项目的买家给予一些财税补贴。③政府释放出某种管制预期的信号，例如在华北地区电力行业实施减排交易试点，同时允许中西部地区的农林减排项目作为碳抵消项目纳入该试点框架。④政府允许和确认减排量被储存，一些“预先行动”的减排项目产生的减排量可以被储存，例如企业购买未在联合国注册成功的CDM项目，将其减排量转化为VERs并作为未来碳资产储备，国家可以公布政策承认这些减排量，即如果实施全国性或者区域性的强制减排计划，预先购买的碳信用额可以冲抵企业完成减排目标所需要的减排量。

政府通过多种渠道稳定交易价格。第一，设置分类项目指导价格，一方面保证国家资源的合理开发和利用，另一方面稳定项目开发的数量和质量；第二，通过市场手段适当干预市场，防止出现价格暴跌，可以考虑设立碳资产池，在市场价格过高或过低的时候，通过收购或出售碳信用额稳定市场价格，维护市场交易活动的平稳有序；第三，严格市场交易保障体系建设，形成有规范可依、有渠道可申诉、有监督全面参与的市场体系。

政府对价格的引导虽然至关重要，但绝非全部。归根结底，价格更多还是市场发现的结果。因此，未来中国 VER 市场的价格形成，将是在政府引导下的市场发现机制。在政府指导价格或极端环境中的价格干预措施下，未来中国 VER 市场的价格走势主要将由以下几类项目的内在因素来决定。

（1）CDM 项目前期产生的 VCUs

现阶段，中国的自愿减排项目大多数依附于 CDM 项目，因为很多 CDM 项目在开发前期和在联合国成功注册之前所产生的减排量不算项目产生的 CERs，项目开发商把该部分包装成为 VER，一般使用的标准是 VCS 标准，得到自愿减排量 VCUs。这类 VER 项目的价格大多是 CDM 项目的影子价格，根据实际项目情况和国际市场的供求关系作相应调整。

（2）未注册成功的 CDM 项目转成的 VERs

由于中国 CDM 项目前景的不确定性，中国目前拥有一批在 EB 未注册成功的 CDM 项目，这类项目可以转化成为 VER 项目产生优质的 VERs，具有较高的经济和环境价值。

（3）纯自愿项目产生的 VERs

国际市场上纯自愿碳项目的开发并不多见，目前中国市场上有一类外资公司在国内开发的风电、太阳能等新能源项目，为了抵消部分项目成本则把它们开发成 VER 项目；另一类是将中西部地区的生态补偿项目开发成为可承认的碳抵消项目，由于国家日益关注西部地区的生态补偿问题，这类项目吸引了众多国内买家。

3.2.4 国内 VER 市场的发展趋势

因缺乏市场调研，国内 2011 年的 VER 交易总量及交易金额尚无精确、全面的数据。根据 2012 年彭博新闻社和 Ecosystem Marketplace 的调查问卷统计（中国收到了 6 个公司的回复），中国 2011 年的 VER 交易总量约为 8t（包含 OTC 市场），平均交易价格约为 3 美元/t。

分析中国的自愿减排市场，应当将其放到中国日益发展的碳市场下进行统一考虑。正如国际自愿市场中，自愿减排量和强制减排量的微妙关系一样，处于碳市场发展前期的中国碳市场存在的关系也如出一辙。尽管对中国强制碳履约体系的预期可以激发买家对自愿碳信用产品的需求（这仅限于可能被履约体系认可作为抵消使用的项目和产品类型，从目前情况看，为中国核证减排量，即 CCER），但履约型的强制减排体系一旦建立，自愿减排体系的市场份额又会被大大压缩。因此，本小节将分两部分讨论这一发展方向和容量尚不明确的市场。其中会有部分交叉。

3.2.4.1 关于中国碳市场的政策进展

2009 年 11 月，国务院常务会议决定，2020 年单位 GDP 碳排放强度将在 2005 年的基础上降低 40% ~45%。从那以后，尤其是 2010 年下半年以来，中国政府关于建立碳市场的政策框架越来越明确，通过碳交易等市场机制推进节能减排，已经成为国家的政策基调。现将主要的政策节点概述如下。

2010 年 9 月 8 日，《国务院关于加快培育和发展战略性新兴产业的决定》要求建立和完善主要污染物和碳排放交易制度。

2010 年 10 月，《中共中央关于制定国民经济和社会发展第十二个五年规划的建议》明确提出“逐步建立碳排放交易市场”。

2011 年 3 月，“十二五”规划中明确提出中国将推进低碳试点项目并逐步建立碳排放交易市场，作为一种高效率的手段支持碳强度减少的承诺。

2011 年 8 月，国务院发布“十二五”节能减排综合性工作方案，要求推广节能减排市场化机制，完善主要污染物排污权有偿使用和交易试点，建立健全排污权交易市场，研究制定排污权有偿使用和交易试点的指导意见；开展碳排放交易试点，建立自愿减排机制，推进碳排放权交易市场建设。

2011 年 11 月，国家发改委发布《关于开展碳排放权交易试点工作的通知》，批准北京、天津、上海等七地开展碳排放权交易试点工作。

2012 年 3 月 28 日，为统筹部署、加快推进试点各项工作，北京市举行了碳交易试点启动仪式，成为国家发改委批准开展碳排放权交易试点工作后，7 个试点中首个宣布启动碳交易试点的城市。

2012 年 6 月，国家发改委正式发布《温室气体自愿交易管理暂行办法》，以此保障自愿减排交易活动的有序开展，并调动全社会自觉参与碳减排活动的积极性。

2012 年 8 月 16 日，上海市举行碳排放权交易试点启动仪式；9 月上旬，广东省正式发布碳排放权交易试点方案。

3.2.4.2 中国碳市场的三种形态

在碳市场实践方面，目前中国主要是作为 CDM 项目的提供方参与到国际碳交易市场的。CDM 本质上只是一种在国际多边框架下中外买卖双方之间的单向双边交易活动，中方扮演的只不过是碳减排量卖方的角色，国内环境交易所能够扮演的主要是一个信息服务平台的角色，很难发展成为一个真正完整意义上的国内碳市场。同时随着国际社会对中国减排压力的日渐加大，以及欧盟经济衰退和碳价持续低迷，中国 CDM 项目未来的市场前景将越来越黯淡。

在 CDM 交易之外，北京环境交易所等机构目前正在积极开展国内自愿减排（VER）交易活动的探索和市场体系的建设，包括减排标准开发、买方市场培育等。当前国内碳市场还处于萌芽阶段，自愿交易难以成市。随着国家发展和改革委员会正式颁布《温室气体自愿减排交易管理暂行办法》，将可望在这个管理办法框架下逐渐建立起规范的 VER 市场，并作为抵消机制与 7 个试点所代表的区域强制市场衔接。

与 VER 市场建设并行启动的，还有北京、天津、上海、重庆、广东、湖北和深圳七地的碳交易试点计划，这是基于地区总量的强制碳交易。目前，北京、上海、广东三地已经相继举行了碳排放权交易试点的启动仪式，七地都在积极研究制订试点方案，几家交易所都在开发和搭建交易平台。在国际碳市场持续低迷的今天，中国的 7 个碳交易试点已经被普遍视为全球应对气候变化和建立碳市场的重要强心剂；尤其值得关注的是，中国 7 个试点的启动与美国加州总量与交易计划（AB32）的启动几乎同步，这也是历史上中美首次在市场机制的建设方面实现同步。

3.2.4.3 国内纯 VER 市场发展趋势

从 2009 年开始，国际 CDM 市场面临多种困境，在利空因素下 CER 价格下滑十分剧烈，部分 CDM 项目开发处于停滞，虽然买方违约情况尚为罕有，但已有买家进行资产组合，少数买方开始清理并退出市场，CDM 市场的第一次寒冬开始到来。不论是开拓新业务的想法，还是出于避险的考虑，萧条的强制市场氛围成为国内 VER 市场发展的外因和推动力。正是在这种环境下国内 VER 开发及交易开始从萌芽状态进入生长期，并逐步形成了具有一定规模的初级市场。

同 CDM 一样，国内 VER 市场也处于卖方阶段。但是近年来，企业及个人已经开始关注“碳中和”等概念并开始践行。减排量消费的多元化导致了国内 VER 市场的多元化，从以前单一的项目提供方，到现在的链条服务商，市场生态环境开始变得丰富。但是也应该看到，这个市场还很小。同时，对于市场走向也存在较多观点。

一种观点认为，在中国尚不具备总量控制的条件。因此配额交易无从形成，而中国自愿减排的交易是减排量交易，基于项目，这是两个不同的概念。因此，配额碳交易不存在，可以操作的是自愿减排量的交易，未来几年国内碳市场的形态将以自愿减排市场为主，但是市场份额并不会大。还有一种相近的观点认为，国内的交易量还比较有限，中国还没有真正的自愿减排交易。对于国内自愿减排市场的前景，现在有几种不同的观点：一种认为自愿减排的目的在于减排，是企业减排努力后的量化工具，而不是建立一个可以进行反复交易的类金融产品，应该防止将这一市场盲目扩大到无序的状态；另一种观点认为，自愿市场是个过渡产品，对未来更成熟的碳市场进行的个别试点具有示范意义；还有观点认为，随着全球自愿减排市场的进一步推进，那些短期内没有强制减排义务的发展中排放大国，会成为自愿减排的新兴地区，既要看各国的政策发展也需要市场推动者的努力。同时，结合发达国家气候融资的重要内容，如清洁能源、减少毁林等，这些领域将会成为自愿减排的热点。

《中共中央关于制定国民经济和社会发展第十二个五年规划的建议》中，“逐步建立碳排放交易市场”的表述引起了各方关注。有分析认为，中国的自愿减排市场将作为过渡方案和实验手段之一，国内碳交易体系引入自愿减排交易平台，并在未来一段时间允许其作为国内贸易市场和国际灵活市场的重要补充而存在。考虑国内碳交易的风险，建设和运行的复杂性等现实国情，自愿减排市场机制可能会比较灵活，并有可能长期和碳排放权交易并存。目前，国内7个碳交易试点的开展，自愿减排市场的走向也存在不确定性。

自愿减排的特性不同于强制减排，对于产品型企业，尤其是出口企业具有天然的吸引力。区别于强制市场和下文中说的CCER市场，纯粹的VER市场具有吸引中国出口型企业积极参与自愿减排活动的可能性。通过自愿减排项目或活动，提升企业的社会形象，提高产品的市场竞争能力。对于中国企业在海外投资的部分产业，自愿减排活动也具有良好的效果。

3.2.4.4 CCER市场发展趋势

2012年6月13日，国家发展和改革委员会印发《温室气体自愿减排交易管理暂行办法》，该办法及随后印发的文件明确了自愿减排交易的交易产品、交易场所、新方法学申请程序以及审定和核证机构资质的认定程序。办法中关键的一点即是规定了中国核证减排量（CCER）。业内人士普遍认为，该办法的出台解决了国内自愿减排市场缺乏信用体系的问题。在规范国内自愿减排交易市场的同时，将会促进国内碳市场的发展，是中国碳交易体系和市场建设的重要一步。

与之关系密切的是2011年11月国家发改委发布的《关于开展碳排放权交易试点工作的通知》。这一文件明确了北京、天津、上海、广东、湖北、重庆和深圳七地作为碳排放权交易的试点地区，于2013～2015年开展碳排放权交易试点工作。并计划在总结试点省市经验的基础上，于2015年建立全国性的碳交易市场。

目前，试点进展比较顺利，各试点单位都已启动试点工作，建立了专门的机构，编制了实施方案。北京、上海、广东等地区已经开始就碳交易建立相关制度，建立了交易的核查机构、认证机构。虽然目前各地方案尚未公布，但市场预计这些方案中都会允许部分比例的抵消额度，以供试点企业以较低成本完成减排任务，同时也鼓励和促进未纳入试点地区或者行业的减排行动。从CCER的管理及政策上看，CCER成为各试点省市所认可的抵消额度的可能性较高，最终也可能成为全国性碳交易市场的抵消机制组成部分之一。

3.3 基于减排项目的低碳融资

3.3.1 低碳融资的定义

因低碳融资本身处于变化发展阶段，其确切定义在国际社会仍然处于讨论、探索和演变之中。传统的看法认为，低碳融资是指发达国家承诺为发展中国家提供“议定的增量成本”①，以帮助发展中国家从一个依赖高排放能源的经济发展轨迹过渡到一个低排放的、气候适应型的经济发展轨迹，帮助其减缓和适应气候变化影响的资金。这些资金必须是相对于官方发展援助而言“额外”的资金。

实际上经过近几年的发展，低碳融资的范围在CDM等相关机制的烘托及推动下得以迅速延伸，发展中国家内部的低碳融资也开始成为低碳融资的重要资金支柱。而国内低碳融资则来自更多的渠道，成分也更加复杂，其投入的领域也不仅局限于所述的内容。

对中国而言，低碳融资按照来源可以简单分类为国际和国内两部分。其中，国际低碳融资所得的资金是指中国从国际社会获得的，或者资金来源与国际社会有关的资金（如交易市场）。具体包括来自发达国家公共资金、国际碳市场、慈善事业和非政府机构、传统国际金融市场，以及外商直接投资的资金等。国内低碳融资的资金是指完全在国内市场筹集的资金，包括公共财政、自愿碳市场、国内金融市场，以及企业直接投资等渠道资金。这些融资渠道及资金来源并不完全独立，存在着复合关系，在使用上也存在多种渠道共同支持的情况。

3.3.2 中国低碳融资的规模及资金应用

因其定义及范围的不断扩充，低碳融资的规模较难进行准确的统计和估算。本节将低碳融资从整体上分为国际和国内两部分，分别说明如下（王瑶

① 《联合国气候变化框架公约》第4.3条

等，2012)。

3.3.2.1 国际部分

(1) 公共资金

根据气候政策倡议（climate policy initiative，CPI）的报告估算（CPI，2011)，目前在全球每年约有970亿美元从发达国家流向发展中国家，发达国家公共财政预算所提供的资助金约有210亿美元，占比22%。这些资金主要通过公约下的资金机制、多边及双边渠道流向包括中国在内的发展中国家。但还没有明确的数据来计算流入中国的资金总量。根据UNFCCC的统计①，在2005~2010年，发达国家通过多边金融机构提供资金440.34亿美元；通过双边机构提供资金143.94亿美元。

由于统计口径、报告期、及重复区间等问题，目前中国接受的发达国家公共资金规模上无法通过部分国际机构的数据获得准确统计。根据社会统计②，2008~2012年年底，中国获得了46个项目共计2.94亿美元的气候资金承诺。根据OECD数据库显示，2006~2009年共提供了16.8亿美元的资金用于实现中国气候变化相关目标，其中专门用于气候变化目标的资金约10亿美元。其中澳大利亚、德国和法国等国对中国提供了相对较大规模的资金。

(2) 市场资金

与中国相关的国际碳市场资金主要来自于CDM市场。截至2013年1月，CDM机制已经注册项目6060个，签发超过11.9亿tCER。中国获得签发CER总量为7.33亿t，占总签发额的61.17%。如果以平均价格10美元/t计算，中国累计获得超过73亿美元的气候资金。近期受国际经济形势、CDM机制调整及欧盟政策影响，国际碳市场极度低迷，价格也从最高的约20欧元/t跌至大约0.34欧元/t。由于2012年之后CDM机制的延续及替代方案尚未完全确定，国际碳市场为发展中国家提供的资金将大幅度减小。

① FCCC/SBI/2011/INF. 1/Add. 1 and 2. http://unfccc.int/resource/docs/2011/sbi/eng/inf01a02.pdf

② http://www.climatefundsupdate.org/

(3) 传统金融

传统国际金融市场是中国利用外资的重要组成部分，包括国外银行及其他金融机构贷款、买方信贷、对外发行债券、国际金融租赁、境外发债和境外上市等多种融资方式。根据国家外汇管理局公布的数据，2011 年末中国外债规模为 6940 亿美元，其中借用国外银行及其他金融机构贷款 705 亿美元，中资企业对外发行债券余额 15 亿美元。近十年来，每年借用国际商业贷款已接近或超过同期外商直接投资，主要应用于交通、能源、原材料、金融等领域。2012 年发展和改革委员会召开的国际商业贷款工作会议也指出要鼓励和支持节能环保、战略性新兴产业等领域借用国际商业贷款。未来，国际商业贷款或将对推动气候相关领域的发展起到更积极的作用。

3.3.2.2 国内部分

(1) 公共资金

国内投向气候变化领域的公共资金目前主要来自公共财政预算，通过赠款、补贴、税收减免、政策性基金、投资国有资产、政策性银行、社会资金投入等形式。中国从十一五时期开始，逐渐将节能减排和应对气候变化上升为国家战略，相应的财政投入也呈现大幅增加的趋势。全国财政十一五期间环保投入和科技投入的增速远远超过 GDP 增速。2010 年环保投入为 3250 亿元，科技投入为 2442 亿元。在 2011 年全国公共财政支出中，节能环保投入为 2641 亿元，其中节能支出为 439.4 亿元，发展可再生能源支出为 141.6 亿元。自 2008 年开始，中央财政在节能环保领域投入的资金量增长迅速，2012 年节能环保预算达到 1796 亿元。由于没有“气候变化”相关科目，根据财政部公布的数据可粗略推算出，在较为明确指向气候融资的领域内，“十一五”期间中央财政共投入超过 2200 亿元。

(2) 市场资金

国内碳市场作为一种市场化手段，对于中国形成长效减排机制、鼓励企业参与碳减排有着重要的意义。2011 年 10 月底，发展和改革委员会下发了《关于开展碳排放权交易试点工作的通知》，批准北京、天津、上海、重庆、湖北、广东、深圳七地，开展碳排放权交易试点工作。试点正式展开后，预计其资金规模将达到百亿级别。

(3) 传统金融

目前，银行贷款是中国企业主要的融资渠道，2011 年银行业金融机构各项贷款余额 54.8 万亿元。在信贷市场上，银行积极加强对节能环保和低碳经济领域的信贷支持。2011 年银行业支持节能环保项目数量同比增长 28.79%，发放的节能环保项目贷款余额同比增长 25.24%；发放战略性新兴产业贷款 3634.6 亿元，同比增长 36.5%。与 2010 年相比，2011 年银行业金融机构节能环保贷款余额的增幅有所提高，且超过当年贷款余额的增幅。截至 2011 年年末，仅国家开发银行、工商银行、农业银行、中国银行、建设银行和交通银行 6 家银行业金融机构相关贷款余额已逾 1.9 万亿元。企业（公司）债券市场也逐渐成为气候融资的来源之一。2011 年，中国绿色债券规模达到 60 亿美元，约占全球"绿色债券"总规模的 3%。其中，新能源企业发行债券融资规模上升 4 倍，达到 43 亿美元（占比 72%），其余的部分主要集中在交通行业。

2011 年开始，中央财政也继续投入资金支持温室气体减排，资金投入到多个减缓领域，如可再生能源、推动产业升级、农林草原碳汇等。十二五期间，政府除了鼓励节能环保投资外，也大力支持节能环保产业、新能源产业、新能源汽车等战略性新兴产业的发展。很多研究都对中国由温室气体减排而引领的低碳资金增量投资做了估算，虽然具体结果不尽相同，但是都指出 2010～2050 年所需的增量都在几千亿到几万亿不等。

3.3.3 基于减排项目的低碳融资渠道

目前，中国金融行业人处于发展的初级阶段，传统金融领域的资金是企业最主要的资金来源。然而对于兴起不久的低碳金融领域，传统金融市场的作用尚未得到完全发挥，相关项目并不是投资热门领域。虽然银监会大力推动如绿色信贷等业务，但贷款占比仍然不高；债券融资和股权融资市场虽然发展迅速，但是规模仍然较小。目前已有的低碳融资渠道大致可以分为以下几个类别。

(1) 外商直接投资

一般来说，外商直接投资所带来的资金流直接投入项目或用于获得企业股权。由于低碳外商类投资的定义尚不明确，统计口径也不统一，所以直接数据并不可得。根据相关统计（郭日生和彭斯震，2010；世界银行，2009），2005~2011年中国新能源产业利用外资项目为105个，总金额约为250亿美元。

(2) 亚洲开发银行

亚洲开发银行（亚行）是亚洲和太平洋地区的区域性金融机构，主要通过开展政策对话、提供贷款、担保、技术援助和赠款等方式支持其成员在基础设施、能源、环保、教育和卫生等领域的发展。自2008年以来，亚行已经在清洁能源相关项目上投资了将近70亿美元，仅2011年就投资了21亿美元。在2009~2011年8月，亚行还向发展中成员国提供了将近2.5亿美元的技术援助支持。亚行在扩大自身的低碳增长投资的同时，动员、创新和撬动了其他公共资金和私人资金流向亚太地区。截至2011年年底，亚行在中国贷款余额为259.6亿美元。2006~2012年，亚行在中国共有57个气候变化领域的项目，以技术援助项目（31个）和贷款项目（29个）为主，涉及的领域包括能源、农业和自然资源、金融、供水和市政基础设施等；其中，2012年批准的气候变化项目总额达到8.02亿美元。

(3) 欧洲投资银行

欧洲投资银行（EIB）作为最大的多边借贷者，主要为欧盟境内的合理而可持续的投资项目提供融资和专业咨询。除了支持就业和增长以及气候行动外，EIB的任务也包括从金融角度帮助欧盟实施其外交政策。EIB对中国气候融资领域的支持主要以主权贷款为主。2007年和2010年，财政部与EIB分别签订了《气候变化一期协定》和《气候变化二期协定》，EIB向中国提供两期分别为5亿欧元主权贷款，支持中国可再生能源、清洁能源及提高能效、节能减排等领域的项目建设。2012年2月，财政部与EIB又签署了《中华人民共和国与欧洲投资银行中国林业专项框架贷款协议》，涉及金额 2.5 亿欧元，主要用于支持气候变化尤其是林业碳汇等领域的项目。

（4）世界银行

世界银行集团下设的国际复兴开发银行、国际金融公司以及多边投资担保机构等都向中国转移了部分国际资金。截至 2012 年 10 月，国际复兴开发银行和国际开发协会分别向中国提供了 213.8 亿美元和 102.1 亿美元的贷款，其中一部分投入到了可再生能源和环境等低碳领域。截至 2012 年 6 月，国际金融公司在中国总投资 47.35 亿美元，包括贷款、股本以及担保等。

（5）私募和股权投资

中国的创业投资和私募股权投资（VC/PE）市场在近年来发展非常迅速，由于气候变化和低碳技术相关企业往往是创业型或中小企业，因此 VC/PE 市场也是非常关键的气候资金来源。2011 年，清洁技术领域的 VC/PE 投资总额为 17.2 亿美元，与 2010 年的 12.7 亿美元相比有所提高，但这主要是 2010～2011 年 VC/PE 市场整体快速发展的结果。事实上，清洁技术行业在所有投资领域中占比 4.25%，与 2010 年的 8% 相比是有所下降的。在清洁能源行业，2012 年上半年仅披露融资案例 3 起，融资总额为 2870 万美元。在证券市场上，2011 年有 4 家企业在境内资本市场上市，融资规模 36.8 亿美元。虽然上市企业数量比 2010 年（7 家）有所减少，融资规模却增加了 41%。据 China Venture 统计，2012 年上半年共有 5 家清洁能源行业企业在全球资本市场实现 IPO，累计融资金额为 9980 万美元。

3.4 熊猫标准

胡锦涛主席 2009 年 9 月在联合国气候变化峰会开幕式上郑重承诺，今后中国将进一步把应对气候变化纳入经济社会发展规划，并采取强有力的措施，加强节能，提高能效工作，大力发展可再生能源和核能，增加森林碳汇。这些发展低碳经济的积极承诺在《联合国气候变化框架公约》第 15 次缔约方会议（哥本哈根气候大会）上得到了重申。国务院在 2009 年 11 月宣布，到 2020 年将把单位GDP碳排放强度在2005年的基础上减少40%到45%，并以此作为应对气候变化的主要措施。

虽然刚刚进入低碳社会的初级阶段，中国的一些企业和个人已经开始通过购买碳减排量来抵消他们的碳足迹。碳减排市场在中国已经形成并将可能在“十二五”规划期间内获得较大的增长。

但是，迄今中国并没有一个强有力的国家级标准来指导项目开发者开发项目并确保买方购买到高质量的核证碳减排量。为适应国际自愿碳市场的发展趋势、加速推进中国自愿碳市场的拓展，完善中国碳资源的测量、报告、核查制度建设，形成具有品牌国际竞争力的自愿碳减排标准，由北京环境交易所和BlueNext环境交易所联合中国林权交易所和美国温洛克国际农业开发中心（关于熊猫标准发起方的简介请见附件），于2009年9月23日正式宣布启动开发中国第一个自愿碳减排标准——熊猫标准。

3.4.1 着力点和目的

熊猫标准将首先致力于本土农林自愿碳减排项目的开发，在环境与生态补偿领域促进东部补偿西部，工业补偿农业，城市补偿农村，构建符合中国国情、兼容国际规则的“碳补偿”平衡体系。

同时，我们试图通过碳市场以及熊猫标准这种市场化、国际化手段，来解决收入贫困和气候贫困问题。在标准的发展过程中，培养适合中国环境、社会、经济、法律等国情的创新的方法学和技术。

3.4.2 意义

熊猫标准作为中国国内首款自愿减排标准，致力于建设高质量、易操作、透明化、可信赖的规则体系，培育中国初生的国内自愿减排碳市场。

熊猫标准的制定与开发，有利于市场参与各方的能力建设，有利于我国碳减排市场的健康发展，有利于提高我国企业和个人自愿减排的积极性，推动全社会节能减排事业发展，加快推进我国低碳社会的发展进程。

3.4.3 主要特性

1）附加效益。熊猫标准不仅仅是一个碳减排标准，不仅仅满足于科学的计量出减排项目所产生的碳减排量。为了达到上面所说的目的，对熊猫标准的附加效益也提出了较高的要求，合格的熊猫标准项目必须对环境、社区经济和社会产生正面影响，如水土保持，防风固沙，保护生物多样性，扶贫和促进当地可持续发展。也应该消除潜在的由项目活动引发的现场内外的负面影响。

2）立足本土，面向世界。熊猫标准将首先致力于本土农林自愿碳减排项目的开发，在环境与生态补偿领域促进东部补偿西部，工业补偿农业，城市补偿农村。同时，熊猫标准的要求，又同目前世界上先进的，受到公认的相关标准一致，以确保熊猫标准减排量的含金量和国际认可度。

3）对本土碳市场的培育。对碳市场相关参与方，包括中国的审定机构以及科研机构，都有着详细、具体和可操作性的指导。对其研究碳市场，尤其是中国碳市场有着积极的意义和作用。

4）额外性以及基准线要求。简单易懂，明晰易用是其最大的特点。

3.4.4 框架和架构

熊猫标准设计框架和组织构架如图 3-9 和图 3-10 所示。

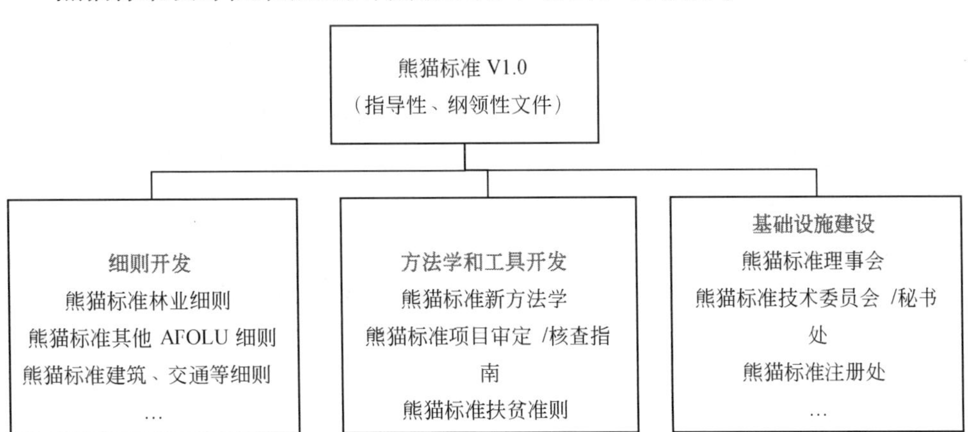

图 3-9 熊猫标准设计框架

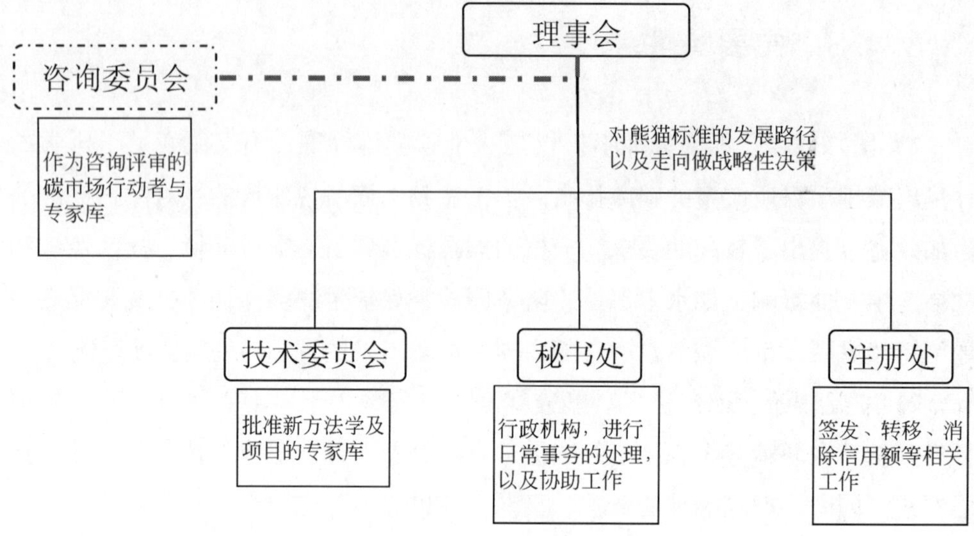

图 3-10　熊猫标准组织构架

参考文献

郭日生，彭斯震 . 2010. 碳市场 . 北京：科学出版社 .

韩琪 . 2012. 中国新能源产业利用外资现状探析 .《国际经济合作》.

世界银行 . 2007. 2007 年碳市场现状与趋势.

世界银行 . 2008. 2008 年碳市场现状与趋势.

世界银行 . 2009. 2009 年碳市场现状与趋势.

世界银行 . 2010. 2010 年碳市场现状与趋势.

世界银行 . 2011. 2011 年碳市场现状与趋势.

世界银行 . 2012. 2012 年碳市场现状与趋势.

王遥 . 2010：《碳金融-全球视野与中国布局》. 北京：中国经济出版社 .

王遥等 . 2012. 2012 中国气候融资报告分报告一及分报告二 .

CPI. 2011. The Landscape of Climate Finance.

Ecosystem Marketplace. 2010. 《State of the Voluntary Carbon Markets 2010》.

Ecosystem Marketplace. 2011. 《State of the Voluntary Carbon Markets 2011》.

Ecosystem Marketplace. 2012. 《State of the Voluntary Carbon Markets 2012》.

第 4 章

Chapter 4

竹林碳汇项目的开发、运行和管理

4.1 竹林碳汇项目的开发、运行、管理流程

总体来说，不论是在京都市场还是在自愿市场，碳汇项目的开发、运行、管理流程是大同小异的，都需要经过项目设计、审定、注册、实施、监测、核查、签发等环节，涉及的机构和相关方都包括项目业主（项目推动者）、指定经营实体（DOE）、技术委员会、秘书处、注册处等。本书重点介绍CDM和熊猫标准这两种竹林碳汇项目的开发运行管理流程。

4.1.1 清洁发展机制（CDM）项目运行管理流程

竹林碳汇项目的开发若参照CDM项目的运行管理流程，整个项目周期将包括8个环节。

（1）项目识别

初步判断本项目是否适合开发为CDM项目。

（2）项目设计，编制项目设计文件

如果项目符合CDM的标准，需要进一步按CDM相关规则完成项目设计文件，其格式由联合国CDM执行理事会确定。

（3）参与国的批准

CDM项目需要得到东道国指定的本国CDM主管机构批准。目前，中国的CDM主管机构是国家发展和改革委员会。中国的CDM项目需要获得国家发展和改革委员会出具的正式批准文件。

（4）项目审定

项目开发者需要与一个DOE进行签约，负责其审核认证的工作。完成这项工作，这个项目才有可能成为合法的CDM项目。根据每个项目类型不同，需要寻找具有审核认证相应项目类型资质的DOE。

（5）项目注册

DOE 确认该项目符合 CDM 的要求，签署审核认证报告，向联合国 CDM 执行理事会提出注册申请。审定报告中需要包含项目设计文件、东道方的书面批准文件以及对公众意见的处理情况等。

在 CDM 执行理事会收到注册请求之日起 8 周内，如果没有 CDM 执行理事会的 3 个或 3 个以上的理事和参与项目的缔约方提出重新审查的要求，则项目自动通过注册。执行理事会主要审查项目是否符合审定条件。最终决定由 CDM 执行理事会在接到注册申请后的第二次会议之前作出。如果该项目被 CDM 执行理事会驳回，企业可以修改，修改后重新提出申请。

（6）项目实施、监测与报告

监测活动由获得 CDM 注册的项目业主实施，并且需要按照提交注册的项目设计文件中的监测计划执行。

监测结果需要向负责核查与核证项目减排量的 DOE 报告。一般情况下，进行项目审定和减排量核查核证的 DOE 不能为同一家。但是，小规模 CDM 项目可以申请同一家 DOE 进行审定、核查和核证。

（7）减排量的核查和核证

核查是指由 DOE 负责、对注册的 DOE 项目减排量进行周期性审查和确定的过程。根据核查的监测数据、计算程序和方法，可以计算 CDM 项目的减排量。

核证是指由 DOE 出具书面报告，证明在一个周期内，项目取得了经核查的减排量（CER）。根据核查报告，DOE 出具一份书面的核证报告，并且将结果通知利益相关方。

（8）减排量的签发

DOE 提交核证报告给 CDM 执行理事会，申请 CDM 执行理事会签发与核查减排量相等的 CER。

在 CDM 执行理事会收到签发请求之日起 15 天内，参与项目的缔约方或至少3个执行理事会的成员没有提出对CER签发申请进行审查，则可以认为签发CER的申请自动获得批准。如果缔约方或者3个以上的CDM执行理事会成员提出了审查要求，则CDM执行理事会需要对核证报告进行审查。

在收到了审查要求的情况下，CDM执行理事会会在下一次会议上确定是否进行审查。审查应在确定审查之日起30天之内完成。

4.1.2 熊猫标准项目运行管理流程

熊猫标准竹林碳汇项目的开发应遵循《熊猫标准农林业及其他土地利用行业细则》及“熊猫标准竹林碳汇方法学”，项目注册程序如图4-1所示。

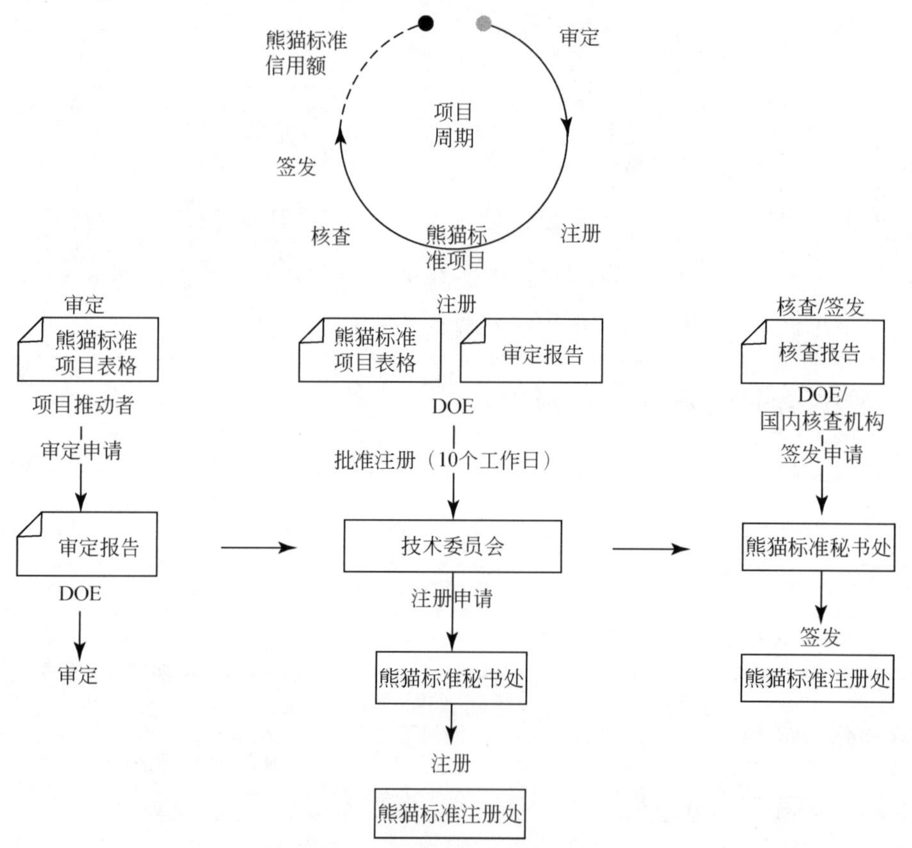

图4-1 熊猫标准项目注册程序

提交项目给熊猫标准注册处进行注册的项目，项目参与方应在注册处开通一个项目账户以备秘书处进行注册。从秘书处收到项目参与方项目表格和审定报告起，即进入注册申请阶段。秘书处应立刻将注册申请提交给技术委员会批准注册，技术委员会应在秘书处转交注册要求 10 个工作日内予以批准或要求解释澄清。收到核查报告后，秘书处应立即要求注册处根据温室气体减排或清除数量签发熊猫标准信用额到熊猫标准注册处中的项目账户里。

4.2 项目筛选

如前所述，竹林碳汇项目的开发需要经过一个复杂的运行管理流程，涉及前期开发费用及与咨询服务机构的合作。因此，需要在决定进行项目开发之前，对潜在的项目进行初步筛选。本节以 CDM 竹林项目为例提供两种基于项目开发经济性的初选方法。

应注意到，本节提供的两种方法仅仅用于帮助竹林项目开发方或其他相关方初步判断一个竹林项目是否有碳汇开发潜力，并不是对竹林项目的成本收益进行精确的计算，也不涉及碳汇项目的额外性。因此，应用初选方法计算出某一项目值得开发，并不意味着该项目相应的经济指标一定是这样。项目是否能开发成功以及项目究竟能产生多少减排量，需要在开发过程中由专门的咨询机构进行严密地评估论证，严格地按照相应方法学进行计算和开发（详见第 5 章内容）。

4.2.1 项目开发成本估算法

4.2.1.1 计算公式

此方法判断一个项目是否可以开发为 CDM 项目时，考虑项目进行开发申报与交易的费用及潜在的碳汇收益，即

$$\mu_{\text{CDM}} = \frac{p_c}{\overline{C_{\text{CDM}}}}$$

式中，μ_{CDM}为 CDM 项目成本利用系数，p_c 指竹林碳汇市场上 CERs 的价格水平（美元/t），建议选取项目筛选时的国际碳汇项目碳汇价格；$\overline{C_{\text{CDM}}}$指竹林碳汇项目单位碳汇的平均交易成本（美元/t）。

根据相关经验，若计算得到的$\mu_{CDM} \geqslant 1.5$，则可认为该项目有开发为CDM碳汇项目的潜力。

竹林碳汇项目单位碳汇的平均交易成本（美元/t）$\overline{C_{CDM}}$计算方法如下：

$$\overline{C_{CDM}} = \frac{C_{CDM}}{CERs}$$

式中，$\overline{C_{CDM}}$指竹林碳汇项目的总交易成本；C_{CDM}指竹林碳汇项目的可交易碳汇总额。竹林碳汇项目总交易成本主要包括两个方面：开发阶段总交易成本$C_{planning}$与运行阶段总交易成本$C_{running_CDM}$，即

$$C_{CDM} = C_{planning} + C_{running\_CDM} \tag{4-1}$$

其中$C_{planning}$具体包括项目准备、编写相关技术文件、利益相关方的咨询和环境影响评价、准备CER购买协定、指定经营实体对项目的审定、注册费等方面的成本。对大型项目来说大概17万~40万美元，对小型项目大概15万~30万美元；项目的审定对大型项目来说大概1.65万~4.5万美元，对小型项目大概1.65万~2.82万美元；注册费对大型项目来说大概1.65万~4.80万美元，对小型项目为0。因此，总体上开发阶段总交易成本对大型CDM项目来说大概20万~50万美元；对小型CDM项目来说大概16万~33万美元①；实际估算中，$C_{planning}$具体取值应该根据项目大小与CDM竹林项目大小型划分的标准来确定。

$C_{running_CDM}$具体包括监测、核查和核证费用，适应性费用，国家收取的收益税等方面的成本，其估算公式如下：

$$C_{running\_CDM} = 4\% \times CERs + C_{MRV} \times t + C_{monitoring} \times S \times t \tag{4-2}$$

式中，4%是指费用收取比率（包括CDM执行理事会收取的2%适应性费用比例和国家收取的2%的收益税比例），CERs是指该碳汇项目取得的可交易的碳汇总额；C_{MRV}是该项目年均的核查与核证费用，$C_{monitoring}$是指该项目年均的每公顷监测费用，t是指项目的计入期，S为该竹林碳汇项目的种植面积（hm^2）。

假设为平均每5年进行一次监测和核查，而由于竹林最长在10年达到平衡，所以竹林项目一般只进行两次监测与核查，即上式中$C_{MRV} \times t + C_{monitoring} \times S \times t$的$t$取

① World Bank's Carbon Finance Unit, 2011. Bio-Carbon Fund Experience: Insight from Afforestation and Reforestation Clear Development Mechanism Projects. http://wbcarbonfinance.org/docs/57853_ExecSumm_Final.pdf

值为10。$C_{monitoring}$取值在5～10美元，而对大型CDM项目来说，C_{MRV}在2860～10 640美元，对小型CDM项目来说，C_{MRV}在1500～5000美元。实际估算中，C_{MRV}与$C_{monitoring}$具体取值应该根据项目大小与CDM竹林项目大小型划分的标准来确定。

竹林碳汇项目可交易的碳汇总额CERs的估算方式如下：

$$\text{CERs} = S \times X \times t \tag{4-3}$$

式中，S是指该竹林碳汇项目的种植面积（hm^2）；t是指竹林碳汇项目的计入期；X是指竹林碳汇项目平均每公顷每年产生的可交易碳汇额，其取值大概在25.26～46.75 tCO_2e/hm^2，X应该根据竹林项目的竹子种类来进行取值，固碳能力强与项目经营集约程度越高的竹林项目X取值较大①。

4.2.1.2 应用举例

福建A市计划开发一个小型竹林项目来恢复当地的生态环境，现在拟对该项目是否有开发为CDM碳汇项目的经济价值进行初步判断。已知该竹林项目面积为500 hm^2，计入期为20年，竹子种类以毛竹为主。

如前所述，把该项目开发为小型CDM项目，开发阶段总交易成本$C_{planning}$大概166 750～328 200美元，在此取均值约180 000美元；年均核查与核证费用C_{MRV}大概在1500～5000美元①，在此取均值2500美元；年均每公顷监测费用$C_{monitoring}$在5～10美元，在此取值7美元。另外，竹林项目平均每公顷每年产生的可交易碳汇额X大概在25.26～46.75tCO_2e/hm^2，该项目竹子种类以毛竹为主，其固碳能力较强，在此X取值为40tCO_2e/hm^2。假设竹林碳汇市场上CERs的价格水平为每吨二氧化碳6美元。

由此可以算出，如果该项目开发为小型CDM项目，则其单位碳汇的平均

---

① 戴景晟，谭三清，陈春希.2009. 我国竹林碳汇项目可行性分析［J］. 现代农业科技，2009（7）：232-233

周国模，姜培坤.2004. 毛竹林的碳密度和碳贮量及其空间分布［J］. 林业科学，40（6）：23.

周国模，吴家森，姜培坤.2006. 不同管理模式对毛竹林碳贮量的影响［J］. 北京林业大学学报，28（6）：51-55.

肖复明，范少辉，汪思龙等.2007. 毛竹、杉木人工林生态系统碳贮量及其分配特征［J］. 生态学报，27（7）：2794-2801.

陈茂铨，金晓春，吴林森等.2010. 竹林碳汇功能及其影响因子研究进展［J］. 竹子研究汇刊，29（3）:5-9.

交易成本（美元/t）为

$$\overline{C_{\mathrm{CDM}}} = \frac{C_{\mathrm{CDM}}}{\mathrm{CERs}} = \frac{C_{\mathrm{planning}} + 4\% \times S \times X \times t + C_{\mathrm{MRV}} \times t + C_{\mathrm{monitoring}} \times S \times t}{S \times X \times t}$$

$$= \frac{180\,000 + 4\% \times 500 \times 40 \times 20 + 2500 \times 10 + 7 \times 500 \times 10}{500 \times 40 \times 20}$$

$$= 0.64 \text{ 美元}/\mathrm{t}$$

由于 $\mu_{\mathrm{CDM}} = \frac{p_c}{\overline{C_{\mathrm{CDM}}}} = \frac{6}{0.64} = 9.375 \geqslant 1.5$，该项目有开发为 CDM 碳汇项目的潜力。

4.2.2 项目投资收益分析法

4.2.2.1 计算公式

此方法判断一个项目是否具有 CDM 项目开发潜力时，主要考虑了两个方面：一是项目作为 CDM 项目的投资效用分析，即收益是否大于成本；二是项目开发为 CDM 项目过程的费用效用分析，即开发申报与交易成本是否大于碳汇收益。

此方法首先采用 4.2.1 项目开发成本估算法估算 μ_{CDM}，然后采用下式估算项目的净收益（μ_{total}）

$$\mu_{\mathrm{total}} = \bar{\mu} \times t + p_c \times \mathrm{CERs} - C_{\mathrm{inv}} - C_{\mathrm{running}} \times t - C_{\mathrm{CDM}}$$

式中，$\bar{\mu}$是指该竹林项目年均收入水平（美元/年），t 是指该竹林项目的计入期；p_c 指竹林碳汇市场上 CERs 的价格水平，应选取进行项目筛选时的国际碳汇价格；CERs 指该碳汇项目取得的可交易的碳汇总额，计算方法同上；C_{inv}是指项目建设期投资总额（美元，不包括交易成本）；C_{running}是指该竹林项目年均运行成本（美元，不包括交易成本）；C_{CDM}是指该项目开发为 CDM 项目所需要的总交易成本，计算方法同上。

根据相关经验，项目投资收益分析法中，当 $\mu_{\mathrm{CDM}} \geqslant 1.5$ 且 $\mu_{\mathrm{total}} \geqslant 0$ 时，此项目有开发为 CDM 碳汇项目的潜力；否则这个项目开发为 CDM 项目的潜力相对很小。

4.2.2.2 应用举例

江西 B 市准备开发一个大型的竹林项目，但该项目是否能上马依赖于它的综合收益与成本，此情况下，该市想初步判断一下该项目是否应该开发 CDM 项目。已知该竹林项目面积 4000 hm^2，计入期 30 年，竹子种类中毛竹与杂竹占比几乎相同。该项目本身初期投资 550 万美元，平均每年竹林产品收益 234 万美元，每年运行成本为 178 万美元。

由于此项目为 4000 hm^2 的大型竹林项目，其作为 CDM 项目时开发阶段总交易成本 $C_{planning}$ 大概在 203 000 ~ 493 000 美元，在此取均值约 300 000 美元中，而年均的核查与核证费用大概在 2860 ~ 10 640 美元，在此取均值 5000 美元，年均每公顷监测费用 $C_{monitoring}$ 在 5 ~ 10 美元，在此取值 8. 5 美元。另外，竹林项目平均每公顷每年产生的可交易碳汇额 X 大概在 25. 26 ~ 46. 75tCO_2e/hm^2，该项目中毛竹与杂林占比几乎相同，在此 X 取值为 30tCO_2e/hm^2。假设竹林碳汇市场上 CERs 的价格水平为每吨二氧化碳 6 美元。

由此可以算出，如果该项目开发为 CDM 项目，其总交易成本为

$$\begin{aligned}C_{CDM} &= C_{planning} + 4\% \times S \times X \times t + C_{MRV} \times t + C_{monitoring} \times S \times t \\ &= 300\ 000 + 4\% \times 4000 \times 30 \times 30 + 5000 \times 10 + 8.5 \times 4000 \times 10 \\ &= 834\ 000 \text{ 美元}\end{aligned}$$

其可交易的碳汇总额 CERs 为

$$\text{CERs} = S \times X \times t = 4000 \times 30 \times 30 = 3\ 600\ 000 tCO_2e$$

而其单位碳汇的平均交易成本（美元/t）为

$$\overline{C_{CDM}} = \frac{C_{CDM}}{\text{CERs}} = \frac{834\ 000}{3\ 600\ 000} = 0.232 tCO_2e$$

那么根据项目投资收益分析法的计算公式为

$$\mu_{CDM} = \frac{p_c}{\overline{C_{CDM}}} = \frac{6}{0.232} = 25.86 \geqslant 1.5$$

$$\begin{aligned}\mu_{total} &= \bar{\mu} \times t + p_c \times \text{CERs} - C_{inv} - C_{running} \times t - C_{CDM} \\ &= 2\ 330\ 000 \times 30 + 6 \times 3\ 600\ 000 - 5\ 500\ 000 - 1\ 780\ 000 \times 30 - 834\ 000 \\ &= 31\ 766\ 000 \geqslant 0\end{aligned}$$

由此可见，经初步估算，此项目有开发为 CDM 碳汇项目的潜力，可以严格按照对应的方法学进行相应计算和开发，从而确定该竹林项目是否进行 CDM 碳汇项目开发。

4.3 利益相关方

碳汇项目的开发和实施涉及很多国际和国内机构、组织和个人，主要包括项目开发方（项目业主）、项目咨询机构、买方、交易所以及其他利益相关方和相关技术支持机构等。它们在项目的开发和实施过程中扮演着不同的角色。

4.3.1 项目开发方

项目开发方，通常是指项目业主，是碳汇项目开发和实施过程中最重要的一方，它可以是任何有资质参与碳汇项目的私人和公共实体。

项目开发方除了其在一般建设项目中应该承担的责任外，还有以下主要职责。

1）设计、投资并运行项目；

2）编制或委托其他组织或个人编制项目设计文件；

3）与买家签订减排量购买合同；

4）提交或配合咨询机构提交项目申请，并获得批准；

5）委托并配合 DOE 对项目进行审定；

6）编制或配合咨询机构编制监测计划；

7）根据监测计划，对项目实施情况进行监测，并编写相应的报告；

8）委托并配合 DOE 对项目产生的减排量进行核查和核证；

9）获得项目产生的 CERs 或 VERs 并获得相应的收益；

10）承担项目开发中可能的风险。

4.3.2 项目咨询机构

碳汇项目的开发流程涉及多个环节，加之需要专业的项目开发知识和经验，通常情况下，项目业主无法独立完成项目的开发，这就需要委托专业的项目咨询机构进行具体的项目开发工作，以提高项目的开发质量和效率。项目咨询机构需要完成以下工作。

1）设计项目开发方案；

2）编制项目设计文件；

3）协助项目业主寻找合适的买家、协助业主谈判直至成功签署购买合同；

4）协助项目业主寻找适合本项目的DOE，并与项目业主一起配合DOE的审定工作；

5）协助业主编制项目监测计划；

6）与项目业主一起配合DOE对项目产生的减排量进行核查和核证。

4.3.3 买方

目前在我国CDM网上公布的买方有91家，主要机构类型包括投资基金（表4-1）、银行（如欧洲投资银行、麦格理银行、富通银行、荷兰合作银行、德国复兴信贷银行、英国标准银行、德意志银行等）、企业（如瑞典碳资产管理有限公司、法国电力公司、CAMCO国际有限公司等）、政府（奥地利政府JI/CDM计划Kommunalkredit公共咨询机构、芬兰碳购买项目、比利时联邦政府JI/CDM计划）等。

表4-1　一些较为活跃的投资基金

机构名称	所属方	机构简介
欧洲碳基金	卢森堡（欧盟）	欧洲碳基金由两家欧洲著名银行（法国国家信托投资局和比利时/荷兰富通银行）在2005年4月发起设立，并委托NATIXIS Environment & Infrastructures进行管理。基金向多家著名财务投资机构募集约1.43亿欧元，集合了环境保护方面的专业能力，基金致力于在全球范围投资温室气体减排项目，以帮助改善全球气候变暖
中国碳基金	荷兰	总部设在荷兰阿姆斯特丹的中国碳基金，是专业从事碳减排额购买的企业，中国碳基金活跃在国际碳市场，同时也特别关注中国市场，并在北京设立了办事处，北京也是荷兰政府在海外实现减排目标的重要基站。中国碳基金旨在购买各种不同类型的CDM项目产生的减排量，迄今为止，已经购买数千万吨CERs（核证减排量），并且已有数个项目得到了CERs的签发或完成VERs的交易，实现交付程序

续表

机构名称	所属方	机构简介
日本碳基金	日本	日本碳基金（JCF）建立与 2004 年 11 月，来自日本温室气体减排基金（JGRF）的 33 家日本企业集资 1.4 亿美元，这笔基金由 JCF 负责支配。2012 年以前，JCF 在 CDM 和 JI 项目的启动阶段向其提供资金支持并购买 CERs 和 ERUs 的减排信用
葡萄牙私人碳基金	葡萄牙	葡萄牙私人碳基金（LCF）是葡萄牙的第一个碳基金，是作为特殊投资基金设立的，由 CMVM（葡萄牙证券市场监管所）监督管理。葡萄牙私人碳基金（LCF）于 2006 年 12 月 15 日开始运营，由 18 家投资公司组成，其中包括葡萄牙最重要的金融机构和政策买家，如一些工业公司和葡萄牙政府机构。该基金主要由 Banif 投资银行，Espírito Santo 银行和 FomentInvest SGPS 投资公司支持提供。葡萄牙私人碳基金（LCF）投资碳减排项目并提供技术和财政支持
德国纯碳基金	德国	德国纯碳基金是一家碳投资管理咨询公司，总部位于德国，经营范围遍及亚洲、中东和非洲地区。公司专注于清洁发展机制（CDM）项目的开发和融资，在纯碳基金聚集了全球环境与金融领域的资深人士，使公司在碳资产咨询领域处于国际领先水平。德国纯碳基金与联合国、德国政府、世界银行以及德国 GTZ 环境投资基金等环境机构有密切的合作，使得德国纯碳基金在 CDM 领域迅速成长
日本碳融资株式会社	日本	日本碳融资株式会社，作为亚洲第一家碳基金——日本温室气体减排基金（JGRF）的碳减排权买入公司，成立于 2004 年 11 月 25 日。JGRF 的股东，包括以国际协力银行（JBIC）、日本政策投资银行（DBJ）为首的 32 家日本主要电力公司、商社等企业。目前，除了 JGRF 外，JCF 面向 JGRF 参与方，成立了第 2 只和第 3 只基金，用于购买碳减排权
亚洲开发银行-亚太地区碳基金	多边机构	亚太地区碳基金 亚太地区碳基金向亚行发展中成员开展 CDM 项目提供前期联合融资，然后获取该项目开始运作后产生的经核证的排减量作为回报。亚行也能向 CDM 项目开发提供在赠款基础上的技术支持 亚洲开发银行 亚洲开发银行的任务是帮助其发展中成员减少贫困和改善生活质量。亚行正致力于推广清洁能源开发和成本节约型可再生能源和提高能源效率的技术开发。ADB 是有 67 个成员参与的多边发展金融机构，其中 48 个来自本地区，19 个来自其他地区。ADB 的总部设在马尼拉，在全球设有 26 家分支机构。亚行现有来自五十多个国家（地区）的两千多名员工

续表

机构名称	所属方	机构简介
英国碳风险投资公司	英国	作为全球项目开发商，英国碳风险投资公司能够使项目更容易获得包括 CDM 和 JI 以及其他削减世界温室气体排放的规划在内的二氧化碳减排信用。项目集中在从垃圾填埋中获得甲烷，废水的厌氧处理以及煤矿，此外还有氮氧化物的清除及能源利用率的提高
MGM 碳资产投资组合	卢森堡	MGM 碳资产投资组合（MGM Carbon Portfolio），是基于 MGM 国际集团有限公司多年来对温室气体（GHG）减排项目在发展中国家的调研、开发和商业化进程的项目经验积累，与摩根士丹利（Morgan Stanley）联手推出的投资组合项目，它的核心功能是将项目风险最小化、卖方利益最大化 MGM 国际集团有限公司是 MGM 碳资产投资组合的母公司，于 2000 年成立，先后在全球范围内成功开发众多 CDM 项目，涉足领域广阔，包括垃圾填埋气回收利用项目、电解铝厂 PFC 减排项目、硝酸生产中氧化亚氮减排项目等
沛雅霓有限公司	卢森堡	沛雅霓公司的创始合伙人是比尔/美琳达盖茨基金会，在中国、欧洲及开曼群岛设有办公室，中国总部设于北京。初始阶段沛雅霓公司已经筹备了高达 4 亿欧元的资金在中国进行投资
奥地利气候公司	奥地利	奥地利气候公司即是碳减排量的买家，又是欧洲碳交易池的管理者，专为受欧盟减排交易配置影响的公司和欧盟津贴设计现货交易平台。其管理的减排池成员包括欧洲各大能源企业，成员达到一百多个，所以奥地利气候公司对减排量的需求源源不断。服务范围包括：寻求并投资 CDM 项目、与项目开发者就采购协议谈判、对项目进行组织有效的指导直至注册、监测组织签发、在欧盟积极进行项目组合活动、对通过 EB 注册的 CER 进行分配
英国剑桥基金投资有限公司	英国	剑桥基金投资有限公司（cambridge funds investment co ltd）是在英国剑桥注册的英资投资公司，简称 CFI。CFI 依托英国财团及私募基金，利用剑桥大学高科技及环保专业技术人才的优势以及业已建立的有着丰富的联合国清洁发展机制项目运作经验的专业队伍，致力于国际高科技及环保新能源项目的 CDM 开发及相关的投融资业务
碳资本管理株式会社	日本	碳资本管理株式会社（以下简称“CCM”）是一家致力于整合低碳技术的投融资公司。CCM 于 2008 年 4 月成立于日本神奈川。作为日本“碳资产集成管理”的先驱，公司坚持以创造和引领“人文、社会、环境、经济”多赢的商务模式和经济潮流为使命，开展的主要业务为代理大型终端买家购买碳资产，并对该资产进行综合管理。开展的主要业务为代理日本及欧洲信誉度高的大型终端买家在一级市场采购碳资产，并对所购碳资产进行综合管理

续表

机构名称	所属方	机构简介
瑞士碳联盟控股股份公司	瑞士	瑞士碳联盟控股股份公司（以下简称“瑞士碳联盟”）是在瑞士联邦共和国成立的专业碳基金。瑞士碳联盟专业致力于全球 CDM 项目的开发与投资，能源替代技术、碳资产管理的股份制企业，负责基金的运营
澳大利亚通用投资股份有限公司	澳大利亚	澳大利亚通用投资股份有限公司的总部设在澳大利亚，其核心业务是经核证的减排量的来源、发展和贸易。澳大利亚通用投资股份有限公司一直保持与项目开发者和买家一起开发温室气体减排项目的态度，协助发展中国家的公司从温室气体减排量项目成功获得经核证减排量，同时帮助发达国家的公司履行他们所承诺的限排或自愿减排量目标
欧洲气候资本公司	英国	欧洲气候资本公司（european climate capital，ECC），是后京都 CERs 减排量的主要买家，拥有强大的资金实力，计划购买总额高达 1 亿 t 的后京都碳减排指标（涵盖 2013～2010 年间长达 8 年的减排期），同时能够为提供项目的中国企业业主提供极具吸引力的购买价格和完全符合中国政府要求的购买条款

目前，在 VERs 市场上较为活跃的碳汇买方有香港迪斯尼公司、诺华制药集团、方兴地产、低碳亚洲等。

4.3.4 交易所

全球碳排放交易市场发展迅猛，碳交易所作为第三方平台为碳交易的发展提供了重要支撑。碳市场的出现促使有关国家或企业在努力实现减排目标的同时，也会考虑通过碳市场购入碳排放额度；而碳交易所作为独立的中介，将为碳交易的买卖双方搭建一个便利的平台，从而降低减排成本，传导减排政策，实现碳融资，推动低碳发展。

国际上已形成多个碳排放权交易市场。2002 年 4 月英国成立了全球第一个二氧化碳排放权交易市场，包括英国排放配额交易（ETS）和英国排放配额交易团体（ETG）；随后，欧盟排放贸易体系（EU ETS）成为全球第一个温室气体排放配额交易市场，在该交易体系下，若干碳交易所逐渐兴起，如 ECX、Nordpool、EEX、Powernext、EXAA 等。美国芝加哥气候交易所（CCX，已于 2010 年底停止交易）成为全球第一家气候交易所，其中 ECX 是 CCX 在欧洲的分支机构。蒙特利尔气候交易所（MCeX）成为由加拿大蒙特利尔交易所（MX）和 CCX 联合成立的加拿大首个环境衍生品市场。

在我国，2008 年 8 月 5 日，上海环境能源交易所宣告成立，成为国内首个环境能源交易平台。在成立仅仅半个小时之后，北京环境交易所在北京金融大街正式挂牌。同年 9 月 25 日，天津排放权交易所也在天津滨海新区举行揭牌仪式。同期，由民间推动的碳交易峰会也分别于北京、上海等地举行。2010 年，国内已有多个省级碳交所纷纷建立，涉及河北、山西、陕西、贵州、安徽、辽宁等省份。深圳和广州也竞相宣布试水工业领域碳交易。2011 年 4 月，苏州环境交易所、吉林环境能源交易所先后挂牌成立。据统计，目前至少有 100 家碳交易所（或碳交易平台）在建，或列入当地政府规划，遍及全国各区域、各省市，甚至各区县[①]。

4.3.5 土地所有者

在林业碳汇项目开发过程中，土地所有者——农户和当地社区作为重要的利益相关方，起着至关重要的作用。林业碳汇项目经营和分配形式包括农户/社区与林场/公司股份合作造林、农户联户小组造林、单个农户造林。造林所得的林产品和碳汇收入按照一定比例在公司和农户之间分成或全部归农户所有。在项目实施期内，农户参与项目实施，可为项目区及周边地区农户创造就业机会和工作岗位，并为农户提供大量的培训机会。

① http：//news. xinhuanet. com/fortune/2011-09/28/c_ 122097917. htm

第 5 章

Chapter 5

竹林碳汇的计量和监测方法

过去几年来，CDM 执行理事会已批准了大量造林再造林项目方法学以及方法学工具和相关指南，一些自愿碳标准也已成功开发了森林经营和森林保护方面的碳汇项目方法学和方法学工具。大多数方法学和方法学工具具有普适性，可用于竹林碳汇项目的方法学。因此，本章首先介绍了林业碳汇项目方法学，包括 CDM 造林再造林方法学和自愿碳标准的森林经营碳汇项目方法学；然后基于熊猫标准批准的“包括竹子造林的退化土地造林方法学”，详细介绍了竹子造林项目碳汇计量方法和监测方法。

5.1 林业碳汇项目方法学介绍

5.1.1 CDM 造林再造林方法学

《京都议定书》第一承诺期（2008 ~ 2012 年），通过造林再造林和森林经营增加碳汇，成为工业化国家履行其在《京都议定书》承诺的温室气体减限排指标的主要措施之一。在《京都议定书》还确定了联合履约（JI）、排放贸易（ET）和清洁发展机制（CDM），以帮助工业化国家实现其减限排承诺。但是，在第一承诺期，造林再造林项目是唯一合格的林业 CDM 项目活动。根据 CDM 项目活动的方式和程序的规定，所有 CDM 项目活动都必须采用经过 CDM 执行理事会批准的方法学，即方法学是申请和实施 CDM 项目的前提条件。随着 2005 年《京都议定书》的生效，2005 年 11 月由中国开发的全球第一个 CDM 造林再造林方法学“退化土地再造林基线和监测方法学”获得批准，CDM 造林再造林方法学得以迅速发展，先后批准了 24 个造林再造林方法学，包括 17 个常规项目方法学（其中 3 个为综合方法学）和 7 个小规模项目简化方法学①。

随着一系列方法学工具的开发以及排放源和泄漏源的简化，通过整合，目前只保留了 4 个方法学，分别是：

1）AR-ACM0013：非湿地上的造林和再造林（版本 01.0.0）；

2）AR-AM0014：退化红树林地上的造林和再造林（版本 02.0.0）；

① http：//cdm.unfccc.int/methodologies/index.html

3）AR-AMS0003：湿地上的小规模 CDM 造林和再造林简化方法学（版本 02.0.0）；

4）AR-AMS0007：草地或农地上的小规模 CDM 造林和再造林简化方法学（版本 02.0.0）。

这些方法学基于下述方法学工具、指南和程序：

• CDM 造林再造林项目活动土地合格性确定程序；

• CDM 造林再造林项目活动项目边界的指南；

• 识别 CDM 造林再造林项目活动退化或正在退化土地的工具；

• CDM 造林再造林项目活动基线情景识别和额外性综合评价工具；

• CDM 造林再造林项目活动中林木和灌木碳储量变化的估计工具；

• CDM 造林再造林项目活动引起的生物质燃烧导致的非 CO_2 排放的估计工具；

• CDM 造林再造林项目活动引起项目开始前农业活动转移导致的温室气体排放的估计工具；

• CDM 造林再造林项目活动引起土壤有机碳储量变化的估计工具；

• CDM 造林再造林项目活动引起枯死木和枯落物碳储量变化的估计工具；

• CDM 造林再造林项目活动样地数量的计算工具。

• 判断 CDM 造林再造林项目活动引起的耕作活动转移导致的温室气体排放不显著的指南；

• 判断 CDM 造林再造林项目活动引起的放牧活动转移导致的温室气体排放不显著的指南；

• 关于 CDM 造林再造林项目活动相对于已注册的 PDD 发生变化的指南；

• 关于核查 CDM 造林再造林项目活动时应用特定方法学版本的指南；

• 证明用于估算 CDM 造林再造林项目活动地上生物量的材积方程是否适用的指南；

• 证明用于估算 CDM 造林再造林项目活动地上生物量的生物量方程是否适用的指南。

中国的森林包括竹林，但是竹林作为一种特殊的植被类型，并不是所有国家都将竹林视为森林。因此竹子造林是否是合格的 CDM 造林再造林项目活动，取决于各自国家对森林的定义。为此，CDM 执行理事会第 39 届会议请 CDM

各国家主管机构明确其向 CDM 执行理事会递交的森林定义阈值是否适用于竹林和棕榈，该信息将与各缔约方递交的森林定义阈值放在一起在 UNFCCC 网站上公布（CDM-EB，2008）。到 2012 年 12 月为止，柬埔寨、菲律宾和多哥已明确其提交的森林定义阈值适用于竹林，科特迪瓦明确其提交的森林定义阈值不适用于竹林，其他缔约方尚未提交任何相关信息①。执行理事会第 53 届会议进一步明确，在 CDM 国家主管机构明确其向 CDM 执行理事会递交的森林定义阈值是否适用于竹林以前，竹林被视为不适用于其森林定义的阈值（CDM-EB，2010）。

5.1.2 森林经营碳汇项目方法学

在《京都议定书》第一承诺期，森林经营并未纳入合格的 CDM 项目活动。而第二承诺期是否将其纳入，尚处于谈判中。基于对森林经营可增强森林碳汇的认识，在自愿市场上，森林经营项目被多个自愿碳标准认可，如 CCX、VCS、CCB、CFS 和中国的熊猫标准等。特别是 2008 年以来，自愿市场森林经营项目碳汇交易量成倍增加，从 2008 年的 43 万 tCO_2e，增加到 2010 年的约 300 万 tCO_2e，其在自愿碳市场所占份额从 1% 增加到 5%（Peter-Stanley et al.，2011）。自 2010 年以来，VCS 已批准了 5 个森林经营项目的方法学，其中 4 个适用于保护因过度采伐而退化的森林，中国在这方面情况较少，因而对中国的适用性不高。另外一个是延长商品林的轮伐期，从而增加长期碳储量，在中国适用于将以培育中小径材为目的的森林经营改为以培育大径材为目的的森林经营。

森林经营碳汇项目方法学，在可能的情况下，大多应用 CDM 造林再造林方法学工具和指南。例如，CDM 造林再造林项目活动中林木和灌木碳储量变化的估计工具、CDM 造林再造林项目活动引起的生物质燃烧导致的非 CO_2 排放的估计工具、CDM 造林再造林项目活动引起枯死木和枯落物碳储量变化的估计工具、CDM 造林再造林项目活动样地数量的计算工具等。

由于森林经营往往涉及采伐量的较大变化，从而对死木、木产品和木材市

① http：//cdm. unfccc. int/DNA/allCountriesARInfos. html

场产生影响。因此，与造林再造林相比，森林经营碳汇项目及其方法学特点是：①不考虑土壤碳库；②必须考虑死木和木产品碳库；③考虑化石燃烧温室气体排放；④考虑市场泄漏。

过去30年来，中国森林面积和蓄积呈快速增长趋势，森林质量得到大幅提高。但是，中国森林质量仍然较差，存在大量的低效林。所谓低效林，是指人为因素的直接作用或诱导自然因素的影响，林分结构和稳定性失调，林木生长发育衰竭，系统功能退化或丧失，导致森林生态功能、林产品产量或生物量显著低于同类立地条件下相同林分平均水平的林分总称。根据起源的不同，低效林可分为低效次生林和低效人工林；根据经营目标的不同，低效林可分为低效防护林和低质低产林。低效次生林指原始林或天然次生林因长期遭受人为破坏而形成的低效林，又分为残次林和劣质林。低效人工林指人工造林或人工更新等方法营造的森林，因营造林措施不当（如树种或种源选择不当、有害生物严重危害、经营措施不当或管理不善等）而导致的低效林（国家林业局，2007）。中国的低效林主要表现在人工林，特别是集体和个体所有的人工林，以及集体所有的天然林。目前国际上相关方法学对中国的低效林状况尚难适用，我国开发的首个“低效林改造方法学”目前处于熊猫标准的审批阶段。

5.2 竹子造林项目碳汇计量方法

5.2.1 相关定义

竹类植物种类繁多，但大部分竹类植物不用作栽培。大量的不用于植树造林的小竹丛类广泛分布于各类无林地上，在许多地方其高度也可达到2 m以上。在中国，不是所有竹类植物群落均符合中国森林定义的标准。许多竹类植物无法达到中国政府将竹类植物群落定义为森林的标准（如最低高度、竹秆最低眉径）。某一特定竹类植群落是否属森林，不但影响竹类造林再造林和竹林经营碳汇项目活动，还会影响项目活动的土地合格性。因此有必要区分竹林和其他竹类植物群落（即“小竹丛”）。

竹林指最小面积为0.067hm^2、郁闭度不低于0.20、成熟时高度不低于2m、竹秆胸径不低于2cm的竹类植物群落。竹林是中国森林的一种类型。

小竹丛指成熟时高度低于 2m 或竹秆胸径低于 2cm 的任何竹类植物群落。小竹丛不属森林范畴。

死（竹）木指死亡的、胸径（眉径）不小于 5cm 的林（竹）木，包括枯立（竹）木和枯倒（竹）木。

5.2.2 碳库选择、温室气体排放源和泄漏源

无论是 CDM 造林再造林项目，还是自愿碳标准的造林再造林和森林经营项目，其方法学都需要确定其方法学的适用条件，选定需要计量的碳库和温室气体排放源，在此基础上解决项目的基线情景或基线碳储量变化、项目碳储量变化、项目的额外性、项目引起的温室气体排放和泄漏等。

项目的碳库包括地上生物量、地下生物量、枯落物、死（竹）木、土壤有机质和木（竹）产品。但是，并不是所有碳库都是必须要计量的。如果能证明某一碳库不是净排放源（相对于基线情景，其碳储量不会减少），则可保守地忽略该碳库。否则，必须对该碳库进行计量和监测。

对于退化土地而言①，相对于基线情景，竹子造林将使上述碳库中的碳储量增加，因此上述任何碳库通常可忽略不计。但是，对于在非退化土地上的竹子造林，有些碳库是不能忽略的。例如，一些非退化草地的土壤有机碳储量很高，在基线情景下处于稳定状态，在这些土地上进行竹子造林有降低土壤碳储量的风险，特别是在高度集约经营条件下，竹子造林对土壤的扰动很大，因此，在这种情况下土壤有机质碳库就不能忽略，而必须计量。是否忽略某一碳库还与项目活动有关，例如竹子造林整地和竹林管理（松土、施肥、间种）等过程中对土壤的扰动、枯落物的收集等，都会对土壤和枯落物碳库产生影响。

竹子造林碳汇项目涉及的主要温室气体排放源为生物质燃烧，主要是造林前的林地清理过程中的炼山、竹林火灾等引起的非 CO_2 温室气体排放（CO_2 排放已计入碳储量变化）。前期的 CDM 造林再造林方法学将施肥和种植固氮植物引起的氮氧化物排放以及燃油机械使用引起的温室气体排放作为重要的温室气

---

① 可采用 CDM 方法学工具“识别 CDM 造林再造林项目活动退化或正在退化土地的工具”来证明项目地是否为退化或正在退化的土地

体排放源，但由于这些排放量相对较小，在更新的方法学中已忽略不计。

竹子造林碳汇项目涉及的泄漏主要包括项目开始前的基线活动（放牧、农业耕作等）由于项目活动的实施而被转移到项目边界外，从而导致项目边界外的温室气体排放增加。此外，前期的 CDM 造林再造林方法学还曾考虑过薪材采伐、围栏使用、林产品运输量的增加以及饲料产量的增加从而引起项目边界外温室气体排放的增加，但由于其量相对较小，目前这些泄漏源均已忽略不计。

5.2.3 土地合格性

项目参与方可通过下述程序，证明拟议的竹子造林活动的每个地块符合相关的土地合格性要求。

1）提供透明的信息证明，在项目开始时，项目活动所涉每个地块符合下列所有条件：①地块上的植被状况不属于森林（包括竹林），即满足下面三个条件之一：林木冠层盖度低于 20%，树高低于 2m，面积小于 1 亩（1 亩≈666.7m^2）。如果为符合这 3 个条件竹类群落，则竹秆胸径小于 2cm。②如果地块上有天然或人工幼树，其继续生长不会达到中国定义森林的阈值标准，即满足下面三个条件之一：①林木冠层盖度低于 20%；②树高低于 2m；③面积小于 1 亩。如果为符合这三个条件竹类群落，则竹秆胸径小于 2cm；④项目地块不属于因采伐或自然干扰而产生的临时的无林地（迹地）。

2）提供透明的信息证明，在相关碳标准确定的基准日（如 CDM 为 1989 年 12 月 31 日，熊猫标准为 2004 年 12 月 31 日），项目活动所涉每个地块符合上述 1）①~1）③的条件。

3）为证明上述 1）和 2），项目参与方可提供下列证据之一，以根据中国政府确定的森林定义标准，区分有林地和无林地：①经地面验证的航空照片、卫星影像。②土地利用或土地覆盖图（如当地的森林分布图）或数字化空间数据库。③实地信息（如土地利用或土地覆盖规划、土地使用及权属证或其他土地利用有关的权证）。

如果没有上述 1）和 2）的资料，项目参与方须呈交通过参与式乡村评估（PRA）方面获得的书面证据。

5.2.4 基线碳储量变化

5.2.4.1 概述

基线碳储量变化是在没有竹子造林项目活动的情况下，项目边界内各碳库中的碳储量变化之和。不同碳标准使用的术语可能不同，例如，在 CDM 中被称为基准净温室气体汇清除，在熊猫标准中被称为基线汇清除，但涵义是相同的。

如果能证明项目造林地为退化土或正在退化的土地，或碳储量较低且处于稳定状态，则可假定在基线情景下，非林木植被①地上和地下生物量、枯落物、死（竹）木、木（竹）产品和土壤有机质碳库的碳储量变化均为零。则基线碳储量变化（ΔC_{BSL}）为基线林木生物量碳库中的碳储量变化，即

$$\Delta C_{\mathrm{BSL}} = \sum_{t=1}^{t^*} \Delta C_{\mathrm{TREE\_\ BSL},\ t} \tag{5-1}$$

式中，$\Delta C_{\mathrm{TREE_\ BSL},t}$为第 t 年时，项目边界内基线林木生物量碳库的碳储量的年变化（tCO_2e）；t 为 1，2，3，$\cdots t^*$，造林项目活动开始后的年数。

当基线林木植被成熟后，即达到稳定状态后，基线碳储量变化为零，即 $\Delta C_{\mathrm{BSL}}=0$。

为此，项目参与方须对计入期内基线林木到达成熟稳定状态的时间进行评估。该评估须基于透明的可核实的信息资料，如来自文献的数据，或对项目区的调查测定，或与项目区具有类似基线状况的数据。如果没有任何数据可用，可采用缺省值 20 年（项目开始后）进行计量。

对于非退化土地，可假定所有碳库均处于平衡状态，则基线碳储量变化（ΔC_{BSL}）为零。弃耕地一般为退化土地，可假定弃耕后植被逐渐演替成灌木林，因此须考虑原有散生林木和灌木生物量碳库中碳储量的变化。虽然弃耕后土壤和枯落物碳库中的碳储量将会增加，但与项目情景相比，其增加速率要慢，因此在项目情景和基线情景下都不考虑计量这两个碳库。则弃耕地上竹子造林项目基线碳储量变化（ΔC_{BSL}）为基线林木和灌木生物量碳库中的碳储量

① 非林木植被包括灌丛、草本植被以及小竹丛。

变化，即

$$\Delta C_{BSL} = \sum_{t=1}^{t^*} (\Delta C_{TREE\_BSL,t} + \Delta C_{SHRUB\_BSL,t}) \tag{5-2}$$

式中，$\Delta C_{SHRUB_BSL,t}$为第 t 年时，项目边界内弃耕地灌木木生物量碳库的碳储量的年变化（tCO_2e）。

5.2.4.2 基线林木碳储量及其变化的估计

由于基线林木碳储量及其变化较小，因此基线林木碳储量及其变化可采用较简单的方法计算①：

$$C_{TREE\_BSL,i} = \frac{44}{12} \cdot CF_{TREE\_BSL} \cdot B_{FOREST} \cdot (1 + R_{TREE\_BSL}) \cdot CC_{TREE\_BSL,i} \cdot A_{BSL,i} \tag{5-3}$$

$$\Delta C_{TREE\_BSL,i} = \frac{44}{12} \cdot CF_{TREE\_BSL} \cdot \Delta B_{FOREST} \cdot (1 + R_{TREE\_BSL}) \cdot CC_{TREE\_BSL,i} \cdot A_{BSL,i} \tag{5-4}$$

$$B_{FOREST} = V_{FOREST} \cdot D \cdot BEF \tag{5-5}$$

$$\Delta B_{FOREST} = I_{FOREST} \cdot D \cdot BEF \tag{5-6}$$

式中，$C_{TREE_BSL,i}$为基线碳层 i 的基线林木生物量碳库中的碳储量（tCO_2e）；$\Delta C_{TREE_BSL,i}$为基线碳层 i 的基线林木生物量碳库中的碳储量的年变化（tCO_2e/a）；CF_{TREE_BSL}为基线林木含碳率的缺省值（可用0.47)(t/t)；B_{FOREST}为项目所在地区每公顷森林地上生物量（t/hm^2）；ΔB_{FOREST}为项目所在地区每公顷森林地上生物量的年增量［$t/(hm^2 \cdot a)$］；R_{TREE_BSL}为基线林木生物量根冠比，可用缺省值0.25；$CC_{TREE_BSL,i}$为基线碳层 i 的散生林木冠层盖度（如盖度为10%时，$CC_{TREE\_BSL,i}=0.10$）；$A_{BSL,i}$为基线碳层 i 的面积（hm^2）；V_{FOREST}为项目所在地区每公顷森林蓄积量（m^3/hm^2）；I_{FOREST}为项目所在地区每公顷森林蓄积年生长量［$m^3/(hm^2/a)$］D 为项目所在地区森林平均树干密度（带皮）（t/m^3）；BEF 为项目所在地区森林平均生物量扩展因子（地上生物量与树干生物量之比）。

由于用于 BEF 的树干生物量通常为带皮生物量，而木材密度通常为去皮

① CDM 造林再造林项目活动林木和灌木碳储量变化的估算工具

的密度，因此在应用时应将木材密度（DW）转换为带皮树干密度（D），即

$$D = DW \cdot (1 - BK) + DB \cdot BK \quad (5\text{-}7)$$

式中BK和DB分别为树皮体积占带皮树干体系的百分比和树皮的密度，其缺省值分别为15%和0.40。

BEF、R_{TREE_BSL}和DW的平均值，应根据当地的主要树种进行加权平均。上述散生林木除一般意义的不符合森林定义的乔木群落外，还包括高度达2m以上、胸径达2cm以上，但面积小于1亩或盖度低于20%的竹类群落。但是，由于竹类生物量通常在数年内进入稳定状态，因此，在基线情景下，可假定这些散生竹类群落地上和地下生物量碳库中的碳储量变化为零。

5.2.4.3 基线灌木碳储量及其变化的估计

以灌木盖度为依据划分灌木碳层，分别碳层估计项目开始时灌木生物量碳库中的碳储量

$$C_{SHRUB} = \frac{44}{12} \cdot CF_S \cdot (1 + R_S) \cdot \sum_i (A_{SHRUB,i} \cdot B_{SHRUB,i}) \quad (5\text{-}8)$$

式中C_{SHRUB}为项目边界内灌木生物质碳储量（tCO_2e）；CF_S为灌木含碳率（采用IPCC缺省值0.47 tCO_2e）；R_S为灌木生物量根冠比，可用缺省值0.40；$A_{SHRUB,i}$为第i灌木碳层的面积（hm^2）；$B_{SHRUB,i}$为第i灌木碳层平均每公顷灌木生物量（t/hm^2）；i为1，2，3，… 根据灌木盖度划分的灌木碳层。t为1，2，3，…项目开始以来的年数。

根据下述方法估算平均每公顷灌木生物量（$B_{SHRUB,i}$）：

当灌木盖度低于5%时，每公顷灌木的生物量可忽略不计。当灌木盖度大于5%时，项目开始时每公顷灌木的生物量为：

$$B_{SHRUB,i} = BDR_{SF} \cdot B_{FOREST} \cdot CC_{SHRUB,i} \quad (5\text{-}9)$$

式中$B_{SHRUB,i}$为第i灌木碳层平均每公顷灌木生物量（t/hm^2）；BDR_{SF}为灌木盖度为100%时的每公顷灌木生物量与项目所在地区每公顷森林地上生物量之比；B_{FOREST}为项目所在地区每公顷森林地上生物量（t/hm^2），采用公式（5-5）计算；$CC_{SHRUB,i}$为第i灌木碳层的灌木盖度。

对于一般的宜林荒山荒地，可假定基线灌木处于稳定平衡状态，即碳储量变化为零。对于弃耕地，可采用下述缺省方法估算：

$$\Delta C_{\mathrm{SHRUB\_BSL},i} = \frac{44}{12} \cdot \mathrm{CF}_S \cdot \frac{B_{\mathrm{SHRUB,eq},i}}{T_{\mathrm{eq},i}} \cdot A_{\mathrm{SHRUB},i} \tag{5-10}$$

式中 $\Delta C_{\mathrm{SHRUB\_BSL},i}$ 为第 i 碳层灌木生物量中的碳储量变化（tCO_2e/a）；CF_S 为灌木含碳率（采用 IPCC 缺省值 0.47t/t）；$B_{\mathrm{SHRUB,eq},i}$ 为第 i 碳层灌木生物量达到平衡时，单位面积灌木生物量（t/hm^2）；$T_{\mathrm{eq},i}$ 为第 i 碳层灌木生物量达到平衡时所需的时间（年），缺省值为 10 年 $A_{\mathrm{SHRUB},i}$ 为第 i 灌木碳层的面积（hm^2）。

5.2.5 项目碳汇量

项目碳储量变化扣除项目引起的温室气体排放，即为项目碳汇量，CDM 造林再造林称之为实际净温室气体汇清除，熊猫标准称之为项目汇清除或项目减排量。项目碳汇量用下式计算：

$$\Delta C_{\mathrm{WP}} = \Delta C_{\mathrm{P}} - \mathrm{GHG}_E \tag{5-11}$$

式中 ΔC_{WP} 为项目碳汇量（tCO_2e）；ΔC_{P} 为项目碳储量变化（tCO_2e）；GHG_E 为造林项目的实施引起的温室气体排放的增加量（tCO_2e）。

5.2.5.1 项目碳储量变化

项目碳储量变化是项目情景下各碳库中碳储量变化之和，即

$$\Delta \mathrm{C}_P = \sum_{t=1}^{t^*} \Delta C_t \tag{5-12}$$

式中，ΔC_t 为第 t 年时，项目边界内所选碳库中碳储量的变化量（tCO_2e）；t 为 1，2，3，… t^*，林项目活动开始后的年数（年）。

第 t 年时，项目边界内所选碳库中碳储量的变化量为

$$\Delta C_t = \Delta C_{\mathrm{BAMBOO\_PROJ},t} + \Delta C_{\mathrm{LI\_PROJ},t} + \Delta C_{\mathrm{SOC\_AL},t} + \Delta C_{\mathrm{HWP\_PROJ},t} - C_{\mathrm{TREE\_BSL}} - C_{\mathrm{SHRUB\_BSL}} \tag{5-13}$$

式中 $\Delta C_{\mathrm{BAMBOO\_PROJ},t}$ 为第 t 年时，项目情景下竹子生物量碳库中碳储量的变化（tCO_2e）；$\Delta C_{\mathrm{LI\_PROJ},t}$ 为第 t 年时，项目情景下竹子枯落物碳储量的变化（tCO_2e）；$\Delta C_{\mathrm{SOC\_AL},t}$ 为第 t 年时，项目情景下土壤有机碳储量的变化（tCO_2e），采用最新版本的"CDM 造林再造林项目活动导致的土壤有机碳储量变化的估算工具"进行计算；$\Delta C_{\mathrm{HWP\_PROJ},t}$ 为第 t 年时，项目情景下竹产品碳储量的变化（tCO_2e）；$C_{\mathrm{TREE\_BSL}}$ 为项目开始时散生林木的碳储量（tCO_2e）如果不清除散生木，则

C_{TREE_BSL}可计为；C_{SHRUB_BSL}为项目开始时灌木的碳储量（包括小竹丛）（tCO_2e）；t为1，2，3，…，t^*，竹子造林项目活动开始后的年数（年）。

（1）项目开始时活立木和灌木的碳储量

项目开始时的活立木生物量碳库中的碳储量（C_{TREE_BSL}）采用公式（5-3）和公式（5-5）计算各基线碳层的碳储量，再求和。项目开始时的灌木生物量碳库中的碳储量（C_{TREE_BSL}）采用公式（5-8）和公式（5-9）计算各基线碳层的碳储量。

（2）竹林生物量碳库碳储量变化（$\Delta C_{BAMBOO\_PROJ,t}$）

由于采伐或自然枯损以及新竹的生长，竹林地上生物量通常在造林后6～10年内达到平衡状态。因此，对于事前估计，根据可获得的数据情况，可从下列从优至劣的方法中选择其中一种方法进行计量。

方法Ⅰ：

如果有拟营造的竹林单位面积生物量随林龄变化的相关方程，则可直接用该方程计算造林后各年度的生物质碳储量和碳储量变化，直到达到平衡状态为止。达到平衡状态后，假定竹林生物质碳储量变化为零。

方法Ⅱ：

根据拟营造的竹林的直径和株数与林龄的相关关系：

$$DBH_j = f_j(a) \tag{5-14}$$

$$N_j = f_j(a) \tag{5-15}$$

式中，DBH_j为竹林的平均直径（胸径或眉径）（cm）；N_j为竹林的每公顷立竹株数（株/hm^2）；a为林龄（年）；j为竹种或竹种组。

然后采用相应竹种或竹种组的异速生物量方程计算单位面积竹林的碳储量：

$$C_{BAMBOO_j} = f(DBH_j) \cdot N_j \cdot CF_{j,B} \cdot \frac{44}{12} \tag{5-16}$$

式中C_{BAMBOO_j}为j竹种单位面积竹林生物质碳储量（tCO_2e/hm^2）；$CF_{j,B}$为j竹种含碳率，缺省值为0.47。

则营造的竹林生物质碳储量的变化为：

$$\Delta C_{BAMBOO\_PROJ,t} = \sum_i \sum_j \begin{cases} A_{Bamboo,i,j,t}(C_{BAMBOO,i,j,t} - C_{BAMBOO,i,j,t-1}) & 当\ t_a \leqslant aquilibrium,j \\ 0 & 当\ t_a > T_{equilibrium,j} \end{cases}$$

(5-17)

式中，$\Delta C_{BAMBOO_PROJ,t}$为第 t 年时，项目情景下竹类生物质碳储量的变化（tCO_2e）；$A_{Bamboo,i,j,t}$为第 t 年时，第 i 碳层 j 竹种的面积（hm^2）；$C_{BAMBOO,i,j,t}$为第 t 年时，第 i 碳层 j 竹种单位面积竹林生物质碳储量（tCO_2e/hm^2）；$C_{BAMBOO,i,j,t-1}$为第 $t-1$ 年时，第 i 碳层 j 竹种单位面积竹林生物质碳储量（tCO_2e/hm^2）；$T_{equilibrium,j}$为第 i 碳层竹林到达平衡所需的时间（年）；t_a 为林龄（年）；$t_a=t-a$，其中 a 为造林发生的年份。

方法Ⅲ：

如果没有拟营造竹林的直径和株数或生物量增长过程曲线或生长过程表，可采用达到平衡前的平均生长速率计算，即：

$$\Delta C_{BAMBOO\_PROJ,t} = \sum_i \sum_j \begin{cases} A_{Bamboo,i,j,t} \cdot \dfrac{C_{BAMBOO_{equilibrium,i,j}}}{T_{equilibrium,j}} & 当\ t_a \leqslant T_{equilibrium,j} \\ 0 & 当\ t_a > T_{equilibriuj,j} \end{cases}$$

(5-18)

式中，$\Delta C_{BAMBOO_PROJ,t}$为第 t 年时，项目情景下竹类生物质碳储量的变化（tCO_2e）；$A_{Bamboo,i,j,t}$为第 t 年时，第 i 碳层 j 竹种林分面积（hm^2）；$C_{BAMBOO_{equilibrium,j}}$为 j 竹种林分到达平衡时的碳储量（tCO_2e/hm^2）；t_a 为林龄（年）；$t_a=t-a$，其中 a 为造林发生的年份；$T_{equilibrium,j}$为 j 竹种林分到达平衡所需的时间（年）；t 为 1，2，3，…，t^* 熊猫标准造林项目活动开始后的年数（年）。

（3）收获木产品的碳储量变化（$\Delta C_{HWP\_PROJ,t}$）

如果项目有采伐的情况发生，采伐竹材中的碳将以竹产品的形式储存一定时间，而不是立即排放到大气中。除传统的用于生活和农业生产外，目前中国竹材主要用于生产竹材人造板，包括竹编胶合板、竹材胶合板、竹材层压板、竹席竹帘胶合板、竹材纤维板和竹材刨花板等，其产品广泛应用于中国的汽车、火车、建筑、集装箱等工业部门（王小青等，2002）。竹木复合人造板和造纸也是当前竹材利用的一种趋势。

对于竹子人工林，采伐通常从造林后第 4～5 年开始。虽然造林一定时间后竹林生物量将达到平衡状态，但采伐和萌芽更新（长出新竹）仍将持续很长时间。这意味着竹产品（HWP）中的碳将是竹林到达平衡态后的主要碳汇。这里假定 HWP 碳储量的长期变化，等于在项目期末或产品生产后 30 年（以时间较后者为准）仍在使用 HWP 中的碳，而其他部分则假定在生产木产品时立即排放，计算公式如下：

$$\Delta C_{HWP\_PROJ,t} = \sum_{ty} C_{BAMBOO,Stem,t} \cdot BU_{ty} \cdot OF_{ty} \tag{5-19}$$

$$OF_{ty} = e^{-\ln(2)WT/LT_{ty}} \tag{5-20}$$

式中，$\Delta C_{HWP_PROJ,t}$为第 t 年时，项目产生的竹产品碳储量的变化（tCO_2e）；$C_{BAMBOO,Stem,t}$为第 t 年时，项目采伐的竹秆生物量碳库中的碳储量（tCO_2e）。如果采伐的竹子是以竹秆鲜重计算，则应将鲜重通过含水率换算成干重，然后转化为 CO_2 的量。如果采伐利用整株竹子（包括枝和叶），则为地上生物量中的碳储量；BU_{ty}为竹子采伐用于 ty 类竹产品利用率（%），即竹产品生物量占采伐收获量的百分比；OF_{ty}为根据 IPCC 一阶指数分解函数确定的、ty 类竹产品在项目期末或产品生产后 30 年（选择较后者）仍在使用的比例；WT 为竹木产品生产到项目期末的时间，或 30 年，选择较长者（年）；LT_{ty}为 ty 类竹产品的使用寿命（年）；ty 为竹产品种类；t 为 1，2，3，… t^* 竹子造林项目活动开始后的年数（年）。

（4）枯落物碳储量变化（$\Delta C_{LI\_PROJ,t}$）

采用缺省方法计算人工竹林枯落物碳储量：

$$C_{LI,t} = \sum_{i} (C_{BAMBOO,i,t} \cdot DF_{LI}) \tag{5-21}$$

式中：$C_{LI,t}$为 t 年时项目边界内枯落物总碳储量（tCO_2e）；$C_{BAMBOO,i,t}$为 t 年时 i 碳层竹子枯落物碳储量（tCO_2e）；DF_{LI}为竹林枯落物碳储量占竹林生物量碳库碳储量的百分比（%）；i 为1，2，3，… 碳层；t 为1，2，3，…，项目开始后的年数。

5.2.5.2 项目边界内温室气体排放的估计

竹林火灾引起的温室气体排放将通过风险评估予以扣减，因此，这里只计算竹子造林时炼山整地活动引起的项目边界内的非 CO_2 温室气体排放的增加①：

$$GHG_E = \sum_{t=1}^{t^*} \sum_i 0.07 \cdot \frac{44}{12} \cdot (CF_{TREE\_BSL} \cdot B_{FOREST} \cdot CC_{TREE\_BSL,i} + CF_S \cdot B_{SHRUB,i}) \cdot A_{BSL,i,t} \quad (5\text{-}22)$$

式中，$A_{BSL,i,t}$为第 t 年竹子造林时基线碳层 i 炼山面积（hm^2）；t 为1，2，3，…t^*林项目活动开始后的年数（年）。

其他参数的含义同上述公式（5-3）和公式（5-8）。

5.2.6 泄漏估计

如前所述，竹子造林项目的潜在泄漏主要来自基线放牧活动和农业耕作活动的转移。基于中国的实际情况，这两种活动的转移均可认为是不显著的，因此泄漏 LK＝0。

5.2.7 项目净碳汇量

项目净碳汇量为项目碳汇量减去基线碳储量变化，再减去泄漏，即：

$$C_{AR,t} = (\Delta C_{WP,t} - \Delta C_{BSL,t} - LK) \quad (5\text{-}23)$$

式中，$C_{AR,t}$为到第 t 年时项目净碳汇量（tCO_2e）；$\Delta C_{WP,t}$为到第 t 年时项目碳汇量（tCO_2e）；$\Delta C_{BSL,t}$为到第 t 年时基线碳储量变化量（tCO_2e）；LK 为泄漏（tCO_2e）。

5.2.8 持久性和风险管理

建立的人工林会因自然或人为原因受到破坏，从而使造林活动吸收和固定的 CO_2 重新返回到大气中，即造林项目产生的净碳汇量发生逆转，这也称为造

① CDM 造林再造林项目活动导致的生物质燃烧引起的非 CO_2 温室气体排放的估算工具

林项目净碳汇的非持久性。因此，项目参与方须对项目风险进行评估，风险评估的结果为项目净碳汇量的百分比。项目将对风险进行审定和核查。造林项目的风险多种多样，如项目风险（如土地权属不清或权属争议、融资失败、技术失败、管理失败）、经济风险（如土地机会成本增加、劳动力和材料价格上涨）、自然干扰风险［毁灭性火灾、病虫害、极端气候事件（如洪涝、干旱、飓风等）、地质灾害（如火山爆发、地震、泥石流等）］等。对中国而言，最大的风险是火灾风险。因此，可通过当地的森林火灾数据来对风险进行评估，其他各类风险假定为5%（30年）。

$$\mathrm{RISK} = \mathrm{RISK}_{\mathrm{fire}} + \frac{\mathrm{PT}}{30} \times 5\% \tag{5-24}$$

$$\mathrm{RISK}_{\mathrm{fire}} = \mathrm{PT} \times F_{\mathrm{fire}} \tag{5-25}$$

式中，RISK 为项目风险（%）；$\mathrm{RISK}_{\mathrm{fire}}$为森林火灾风险（%）；PT 为项目期（年）；$F_{\mathrm{fire}}$为森林火灾风险系数（%）。

项目火灾风险系数为项目所在的最小行政区域（县、市）过去10年的年均森林火灾成灾面积占同区域森林面积的百分比。如果没有当地的项目参与方可采用森林火灾风险系数的缺省值。在每次核查后，如果没有火灾发生，则可对森林火灾风险进行更新：

$$\mathrm{RISK}_{\mathrm{fire}} = (\mathrm{PT} - t) \times F_{\mathrm{fire}} \tag{5-26}$$

式中，t 为1，2，3，… t^* 造林项目活动开始后的年数（年）。

5.3 竹子造林碳汇监测方法

5.3.1 项目实施的监测

(1) 项目边界的监测

• 使用 GPS 或其他可核实的方法测定项目地块的地理边界（每个多边形地块拐点的经纬度坐标），在监测报告中说明使用的坐标系、使用仪器设备的精度。

• 检查实际边界坐标是否与熊猫标准项目表中描述的边界一致；如果实际边界位于熊猫标准项目表中描述的边界之外，则不计入项目边界中。

•将测定的拐点坐标输入地理信息系统，计算项目地块及各碳层的面积。

•在计入期内须对项目边界进行定期监测，如果项目边界发生任何变化，例如发生毁林，应测定毁林的地理坐标和面积，并在下次核查中予以说明。毁林部分地块将调出项目边界之外，在以后不再监测。同样，如果某些地块由于某种原因造林失败，并代之以其他土地利用方式，这些地块也可调出项目边界外，且不再监测和核查。但是已调出项目边界的地块，在以后不能再纳入项目边界内。如果调除项目边界的地块以前进行过核查，其前期经核查的碳储量应保持不变，纳入碳储量变化的计算中。

（2）竹子营造林监测

竹子营造林活动包括林地清理、整地、造林、抚育管理、采伐以、管护及森林防火和病虫害发生与防治等，可为每个小班建立一张营造林小班监测卡（表5-1），对每个小班所发生的各种相关活动予以随时记录。确保项目有关活动符合方法学有关工具的适用条件。项目参与方须采用符合中国竹子营造林相关的技术要求和森林资源调查的技术规范。项目参与方在其监测活动中须制定标准操作程序（SOP）及质量保证和质量控制程序（QA/QC），包括野外数据的采集、数据记录、管理和存档。最好是采用国家森林资源清查、规划调查和相关检查验收的标准操作程序。

表5-1　营造林小班监测卡

监测项	记载内容		备注
地理位置	地块编号		
	县		
	乡（镇）		
	村		
	林班号		
	作业小班号		
土地权属人			
造林竹种	竹种1		
	竹种2		
	混交方式和比例		

续表

监测项	记载内容			备注
面积（公顷）	小班设计面积			
	实际作业面积			
边界监测		监测日期	与前次监测的变化情况	另附项目地边界坐标
	第一次			
	第二次			
	第三次			
	第四次			
	第五次			
	第六次			
林地清理	日　期			
	方　式			
	规　格			
整地	日　期			保留施工合同
	方　法			
	规　格			
栽植	日　期			保留施工合同
	株/公顷			
施肥	日　期	种类	施肥量	保留相关照片和购买发票等证据
成活率和保存率调查	日　期	成活率/保存率		提供调查方法
补植	日　期	竹种	株数/公顷	保留施工合同
抚育管理	日　期	内容	方法和规格	

续表

<table>
<tr><th>监测项</th><th colspan="3">记载内容</th><th colspan="2">备注</th></tr>
<tr><td rowspan="6">病虫害
发生情况</td><td>时　间</td><td></td><td></td><td></td><td rowspan="6">测定受害
部分边界
的 GPS 坐标</td></tr>
<tr><td>病虫害名称</td><td></td><td></td><td></td></tr>
<tr><td>危害面积（公顷）</td><td></td><td></td><td></td></tr>
<tr><td>危害程度</td><td></td><td></td><td></td></tr>
<tr><td>防治方法</td><td></td><td></td><td></td></tr>
<tr><td>防治结果</td><td></td><td></td><td></td></tr>
<tr><td rowspan="4">火灾发生
情况</td><td>时　间</td><td></td><td></td><td></td><td rowspan="4">测定受害
部分边界
的 GPS 坐标</td></tr>
<tr><td>危害面积（公顷）</td><td></td><td></td><td></td></tr>
<tr><td>火灾种类</td><td></td><td></td><td></td></tr>
<tr><td>危害程度</td><td></td><td></td><td></td></tr>
<tr><td rowspan="4">采伐</td><td>日　期</td><td>方　法</td><td>采伐量</td><td>用　途</td><td></td></tr>
<tr><td></td><td></td><td></td><td></td><td></td></tr>
<tr><td></td><td></td><td></td><td></td><td></td></tr>
<tr><td></td><td></td><td></td><td></td><td></td></tr>
<tr><td rowspan="4">其他经营管理
活动和事件</td><td>日　期</td><td colspan="2">活动与事件描述</td><td colspan="2"></td></tr>
<tr><td></td><td colspan="2"></td><td colspan="2"></td></tr>
<tr><td></td><td colspan="2"></td><td colspan="2"></td></tr>
<tr><td></td><td colspan="2"></td><td colspan="2"></td></tr>
</table>

5.3.2　碳层划分和采样设计

(1) 碳层划分和更新

将项目区划分为内部相对均一的单元（碳层），可通过降低层内变异性，从而在不增加调查成本的情况下提高测定精度或降低不确定性。项目参与方应在其项目文件中描述项目区进行事前分层的结果。碳层的数量和边界在项目计入期内可能会发生变化。由于下述原因，每次监测时须对事前划分的碳层进行更新。

- 实际的项目造林活动（如造林年度和竹种配置）可能与项目设计发生偏离；
- 计入期内可能发生无法预计的干扰（如林火、病虫害），从而增加碳层内的变异性；

• 竹林经营管理活动（如施肥、采伐等）活动影响了项目碳层内的均一性；

• 发生土地利用变化（项目地转化为其他土地利用方式）；

• 过去的监测发现层内碳储量和碳储量变化的变异性：可将变异性太大的碳层细分为两个或多个碳层，或者将碳储量和碳储量变化及其变异性相近的两个或多个碳层合并为一个碳层；

• 某些事前划分的碳层可能不复存在。

(2) 固定样地布设

为避免主观的选择样地位置（如样地中心、样地参考点，样地中心的位置平移）和保证取样地块尽可能均匀分布到各层，固定样地的位置应系统地设定，但起始点是随机的。具体布设方法如下。

第一步：在计算机上，利用地理信息系统软件，将项目区按一定间距（如100m×100m）划分为若干网格。计算落在各个层中的网格交叉点数N（即可能的样地中心数）。各层网格点数序号从1开始编号。

第二步：在Excel表格中，使用公式“ROUND（RAND（）*［max_N］，0)”产生一个随机数。与产生的随机数一致的网格交叉点序号作为第一个样地的中心。

第三步：从第一个样地中心点沿“西—东—南—北”的固定方向移动，按照固定的间隔选定下一个样地。固定间隔取决于碳层内网格交叉点总数和样地数。例如固定样地数为10个，碳层内网格交叉点为100个，则每隔10个交叉点选择一个样地。

样地面积通常为400m^2，圆形或矩形。但是，如果样地边缘距项目边界的最短距离小于10m，或样地的一部分落在项目碳层或项目边界外，应将样地向该地块的中心平移。

实地测量是用GPS来确定样地的地理位置（GPS坐标），再将样地所在位置、所属碳层进行记录和保存。

在样地的中心和4个角埋设永久标记（直径5cm，长30cm的PVC管，垂直埋入土壤中20cm，外露10cm），以便下次监测能准确找到固定样地的边界。然后测定固定样地内每株竹的高度和胸径（眉径）。

实地测量后，如果精度低于10%，应基于测量的生物质储量标准差，按上述方法重新计算样地数量，增设的样地应按上述方法进行抽取和布设。

(3) 精度要求

对竹林生物量的监测的精度要求为达到90%可靠性水平以下，平均值的±10%。采用“CDM造林再造林项目活动林木和灌木碳储量及其变化的估算工具”计算精度水平。

5.3.3 竹林生物量碳库碳储量变化的测定和计算

土壤有机碳库中的碳储量变化采用“CDM造林再造林项目活动导致的土壤有机碳储量变化的估算工具”计算，不进行测定，只需根据实际造林年度和面积采用该工具核实计算。枯落物碳库中的碳储量变化仍采用上述公式（5-21）的方法计算，但须采用实际监测的竹林生物量进行计算。竹产品中的碳储量仍采用上述公式（5-19）和公式（5-20）进行计算，只需直接监测竹秆的采伐量即可直接计算。因此，竹子造林项目监测中，最重要的是测定竹林生物量碳库中的碳储量，采用储量变化法和异速生物量方程法，程序如下：

第一步：测定每个固定样地中每株竹秆的眉径（胸径或地径）、高度等测树指标。

第二步：用下述生物量异速生长方程计算每株竹子的生物量。

$$B_{\text{TREE},\ l,\ j,\ p,\ i,\ t} = f_j(x_{1l,\ p,\ i,\ t},\ x_{2l,\ p,\ i,\ t},\ x_{3l,\ p,\ i,\ t},\ \cdots) * (1 + R_j) \tag{5-27}$$

式中 $B_{\text{TREE},j,p,i,t}$ 为第 t 年时，i 项目碳层、p 样地、j 竹种、第 l 株竹的生物量（t/株）；f_j（$x_{1l,p,i,t}$，$x_{2l,p,i,t}$，$x_{3l,p,i,t}$，…）为 j 竹种的地上生物量与测树因子（x_1，x_2，x_3，…）之间的异速生物量方程；R_j 为 j 竹种生物量的根冠比（无量纲）。

第三步：计算第 t 年时，i 项目碳层、p 样地的生物量（$B_{\text{TREE},p,i,t}$）

$$B_{\text{TREE},\ p,\ i,\ t} = \sum_j B_{\text{TREE},\ j,\ p,\ i,\ t} \tag{5-28}$$

第四步：计算第 t 年时，i 项目碳层、p 样地的每公顷生物量（$b_{\text{TREE},p,i,t}$）

$$b_{\text{TREE},\ p,\ i,\ t} = \frac{B_{\text{TREE},\ p,\ i,\ t}}{A_{p,\ i}} \tag{5-29}$$

式中为 $A_{p,i}$ 为 i 项目碳层的面积（hm^2）。

第五步：计算第 t 年时，i 项目碳层的每公顷生物量和方差。

$$b_{\text{TREE},i,t} = \frac{\sum_{p=1}^{n_i} b_{\text{TREE},p,i,t}}{n_i} \tag{5-30}$$

$$s_i^2 = \frac{n_i \cdot \sum_{p=1}^{n_i} b_{\text{TREE},p,i,t}^2 - \left(\sum_{p=1}^{n_i} b_{\text{TREE},p,i,t}\right)^2}{n_i \cdot (n_i - 1)} \tag{5-31}$$

式中，$b_{\text{TREE},i,t}$为第 t 年时，i 项目碳层的每公顷生物量（t/hm²）；n_i 为第 i 项目碳层的样地数量；s_i^2 为第 t 年时，i 项目碳层的每公顷生物量的方差（t d. m/hm²）²。

第六步：计算第 t 年时，项目每公顷平均生物量和方差。

$$b_{\text{TREE},t} = \sum_{i=1}^{M} w_i \cdot b_{\text{TREE},i,t} \tag{5-32}$$

$$s_{b_{\text{TREE}}}^2 = \sum_{i=1}^{M} w_i^2 \cdot \frac{s_i^2}{n_i} \tag{5-33}$$

式中，$b_{\text{TREE},t}$为第 t 年时，项目每公顷平均生物量（td. m. /hm²）；w_i 为第 i 项目碳层与总面积之比；M 为项目碳层总数。

第七步：计算第 t 年时，项目每公顷平均生物量的不确定性。

$$u_{b_{\text{TREE},t}} = \frac{t_{\text{VAL}} \cdot s_{b_{\text{TREE},t}}}{b_{\text{TREE},t}} \tag{5-34}$$

式中，$u_{b_{\text{TREE},t}}$为第 t 年时，项目每公顷平均生物量的不确定性（%）；t_{VAL}为置信水平 90%、自由度为 $n-M$ 时，双尾学生 t 氏分布的 t 值。n 为项目边界内的总样地数量，M 为项目边界内计算生物量的碳层数量。例如：置信水平 90%，自由度为 45 时的双尾学生 t 氏分布的 t 值可在 Excel 中用“=TINV（0.10，45）”计算得到 1.679 4。

第八步：计算第 t 年时，项目边界内竹林生物量碳库的碳储量。

$$C_{\text{TREE},t} = A \cdot b_{\text{TREE},t} \cdot \text{CF}_{\text{BAMBOO}} \cdot \frac{44}{12} \tag{5-35}$$

式中，A 为项目边界内的竹林面积（hm²）；$C_{\text{TREE},t}$为第 t 年时，项目边界内竹林生物量碳库的碳储量（tCO_2e）；$\text{CF}_{\text{BAMBOO}}$为竹子含碳率，缺省值为 0.47。

第九步：计算第 t 年时，项目边界内竹林生物量碳库的碳储量变化：假定碳储量在两次监测之间呈线性变化。则：

$$dC_{TREE,(t_1,t_2)} = \frac{C_{TREE,t_2} - C_{TREE,t_1}}{T} \quad (5\text{-}36)$$

$$\Delta \overline{C_{BAMBOO\_PROJ,t}} = dC_{TREE,(t_1,t_2)} \cdot 1\ 年(t_1 \leqslant t \leqslant t_2) \quad (5\text{-}37)$$

式中，$dC_{TREE,(t_1,t_2)}$为从测定时间 t_1 到 t_2 项目边界内竹林生物量碳库中的碳储量的变化量速率（tCO_2e/a）；$\Delta C_{BAMBOO_PROJ,t}$为 t 年时项目边界内竹林生物量碳库的碳储量变化（tCO_2e）；C_{TREE,t_2}为时点为 t_2 时，项目边界内竹林生物量碳库的碳储量（tCO_2e）；C_{TREE,t_1}为时点为 t_1 时，项目边界内竹林生物量碳库的碳储量（tCO_2e）；T 为两次测定之间的时间间隔（$T=t_2 \sim t_1$）。

5.3.4 项目温室气体减排量的核算

项目的温室气体减排量指可交易的项目净碳汇量，需考虑项目的风险和碳储量变化监测的不确定性。

$$C_t = C_{AR,t} \cdot (1 - RISK) \cdot \begin{cases} 1 & \text{if} \quad u_{b_{TREE,t}} \leqslant 10\% \\ [1 - (u_{b_{TREE,t}} - 10\%)] & \text{if} \quad u_{b_{TREE,t}} > 10\% \end{cases} \quad (5\text{-}38)$$

式中 C_t为到第 t 年时项目温室气体减排量（tCO_2e）；$C_{AR,t}$为到第 t 年时项目净碳汇量（tCO_2e），通过公式（2-23）计算；RISK 为项目风险（%），通过公式（2-24）和公式（2-25）计算；$u_{b_{TREE,t}}$为项目每公顷平均生物量的不确定性（%），通过公式（3-34）计算。

5.3.5 不用监测的数据和参数

不用监测的数据和参数如表 5-2 所示。

表 5-2 不用监测的数据和参数

数据/参数	DW
单位	t/m^3
应用的公式编号	公式（5-7）
描述	项目所在地区森林平均木材密度（t/m^3）

续表

<table>
<tr><td rowspan="2">数据源</td><td>数据源从优至劣的选择次序为：
(a) 现有的、当地的或相似生态条件下的基于树种或树种组的数据；
(b) 国家温室气体清单编制中的数据（如下表）或其他来源的国家水平的数据</td></tr>
<tr><td>

树种	WD	样本数	标准差	树种	WD	样本数	标准差
桉树	0.578	104	0.019	软阔类	0.443	189	0.013
柏木	0.478	32	0.015	杉木	0.307	54	0.009
檫树	0.477	19	0.016	水胡黄	0.464	10	0.018
赤松	0.414	12	0.022	水杉	0.278	5	0.010
椴树类	0.420	36	0.024	思茅松	0.454	33	0.034
高山松	0.413	15	0.009	铁杉	0.442	34	0.034
黑松	0.493	15	0.031	桐树	0.239	38	0.009
红松	0.396	32	0.004	杨树	0.378	144	0.009
华山松	0.396	14	0.017	硬阔类	0.598	482	0.012
桦木	0.541	62	0.018	油杉	0.448	24	0.028
阔叶混	0.482			油松	0.360	15	0.012
冷杉	0.366	21	0.017	云南松	0.483	27	0.009
栎类	0.676	82	0.012	云杉	0.342	15	0.012
柳杉	0.294	16	0.003	杂木	0.515	333	0.015
落叶松	0.490	13	0.039	樟树	0.460	28	0.016
马尾松	0.38	43	0.019	樟子松	0.375	22	0.006
木麻黄	0.443			针阔混	0.486		
楠木	0.477	46	0.012	针叶混	0.405		

</td></tr>
<tr><td>测定步骤（如果有）</td><td>不适用</td></tr>
<tr><td>说明</td><td></td></tr>
</table>

数据/参数	BEF
单位	无量纲
应用的公式编号	公式（5-5）和公式（5-6）
描述	将树干生物量转换为地上生物量的生物量扩展因子
数据源	数据源从优至劣的选择次序为： (a) 现有的、当地的或相似生态条件下的基于树种或树种组的数据； (b) 国家温室气体清单编制中的数据（如下表）或其他来源的国家水平的数据

续表

数据源	树种	BEF	样本数	标准差	树种	BEF	样本数	标准差
	桉树	1. 270	357	0. 187	楠木	1. 215	18	0. 114
	柏木	1. 735	165	0. 476	软阔类	1. 540	21	0. 360
	檫树	1. 501	18	0. 310	杉木	1. 637	873	0. 605
	赤松	1. 359	12	0. 112	水胡黄	1. 290	4	0. 300
	椴树类	1. 410	8	0. 230	水杉	1. 506	34	0. 186
	高山松	1. 651	3	0. 346	思茅松	1. 304	4	0. 207
	黑松	1. 551	4	0. 230	铁杉	1. 840	1	
	红松	1. 458	57	0. 271	桐树	1. 878	14	0. 423
	华山松	1. 785	20	0. 241	杨树	1. 443	240	0. 241
	桦树	1. 439	50	0. 261	硬阔类	1. 790	120	0. 360
	阔叶混	1. 423	72	0. 224	油杉	1. 865		
	冷杉	1. 340	9	0. 135	油松	1. 606	253	0. 371
	栎类	1. 353	152	0. 197	云南松	1. 619	5	0. 547
	柳杉	2. 593	23	1. 562	云杉	1. 749	71	0. 701
	落叶松	1. 413	328	0. 404	杂木	1. 300	9	0. 080
	马尾松	1. 465	396	0. 447	樟树	1. 412	5	0. 141
	木麻黄	1. 505	69	0. 388	樟子松	2. 652	62	1. 296

测定步骤（如果有）	不适用
说明	

数据/参数	$CF_{\mathrm{TREE,BSL}}$
单位	t/t
应用的公式编号	公式（5-3）和公式（5-4）
描述	基线林木含碳率的缺省值
数据源	IPCC 缺省值 0. 47 t/t
测定步骤（如果有）	不适用
说明	

数据/参数	$R_{\mathrm{TREE,BSL}}$
单位	无量纲
应用的公式编号	公式（5-3）和公式（5-4）
描述	基线林木生物量根冠比

<table>
<tr><td rowspan="20">数据源</td><td colspan="8">数据源从优至劣的选择次序为：
(a) 现有的、当地的或相似生态条件下的基于树种或树种组的数据；
(b) 国家温室气体清单编制中的数据（如下表）或其他来源的国家水平的数据。</td></tr>
<tr><td>树种</td><td>$R_{TREE,BSL}$</td><td>样本数</td><td>标准差</td><td>树种</td><td>$R_{TREE,BSL}$</td><td>样本数</td><td>标准差</td></tr>
<tr><td>桉树</td><td>0.224</td><td>217</td><td>0.094</td><td>软阔类</td><td>0.323</td><td>14</td><td>0.151</td></tr>
<tr><td>柏木</td><td>0.220</td><td>144</td><td>0.083</td><td>杉木</td><td>0.256</td><td>574</td><td>0.128</td></tr>
<tr><td>檫树</td><td>0.227</td><td>11</td><td>0.070</td><td>水胡黄</td><td>0.093</td><td>3</td><td>0.023</td></tr>
<tr><td>赤松</td><td>0.236</td><td>7</td><td>0.051</td><td>水杉</td><td>0.319</td><td>20</td><td>0.128</td></tr>
<tr><td>椴树类</td><td>0.142</td><td>8</td><td>0.005</td><td>思茅松</td><td>0.145</td><td>4</td><td>0.012</td></tr>
<tr><td>高山松</td><td>0.235</td><td>3</td><td>0.051</td><td>铁杉</td><td>0.212</td><td>1</td><td></td></tr>
<tr><td>黑松</td><td>0.280</td><td>4</td><td>0.017</td><td>桐树</td><td>0.297</td><td>14</td><td>0.141</td></tr>
<tr><td>红松</td><td>0.234</td><td>65</td><td>0.082</td><td>杨树</td><td>0.229</td><td>134</td><td>0.132</td></tr>
<tr><td>华山松</td><td>0.170</td><td>19</td><td>0.028</td><td>硬阔类</td><td>0.307</td><td>94</td><td>0.022</td></tr>
<tr><td>桦木</td><td>0.249</td><td>39</td><td>0.090</td><td>油杉</td><td>0.277</td><td></td><td></td></tr>
<tr><td>阔叶混</td><td>0.282</td><td>67</td><td>0.133</td><td>油松</td><td>0.251</td><td>264</td><td>0.083</td></tr>
<tr><td>冷杉</td><td>0.169</td><td>12</td><td>0.058</td><td>云南松</td><td>0.146</td><td>6</td><td>0.050</td></tr>
<tr><td>栎类</td><td>0.299</td><td>142</td><td>0.137</td><td>云杉</td><td>0.205</td><td>56</td><td>0.096</td></tr>
<tr><td>柳杉</td><td>0.267</td><td>23</td><td>0.107</td><td>杂木</td><td>0.346</td><td>4</td><td>0.168</td></tr>
<tr><td>落叶松</td><td>0.215</td><td>260</td><td>0.075</td><td>樟树</td><td>0.275</td><td>5</td><td>0.054</td></tr>
<tr><td>马尾松</td><td>0.194</td><td>347</td><td>0.089</td><td>樟子松</td><td>0.244</td><td>42</td><td>0.168</td></tr>
<tr><td>木麻黄</td><td>0.206</td><td>68</td><td>0.101</td><td>针阔混</td><td>0.280</td><td>54</td><td>0.179</td></tr>
<tr><td>楠木</td><td>0.283</td><td>18</td><td>0.072</td><td>针叶混</td><td>0.265</td><td>78</td><td>0.141</td></tr>
<tr><td></td><td colspan="8">对于基线竹类，可从竹类根冠比参数中选择</td></tr>
<tr><td>测定步骤（如果有）</td><td colspan="8">不适用</td></tr>
<tr><td>说明</td><td colspan="8"></td></tr>
</table>

数据/参数	BDR_{SF}
单位	无量纲
应用的公式编号	公式（5-9）
描述	灌灌木盖度为100%时的每公顷灌木生物量与项目所在地区每公顷森林地上生物量之比
数据源	数据源从优至劣的选择次序为： (a) 现有的、当地的或相似生态条件下的数据； (b) 国家水平的数据（如森林资源清查或国家温室气体清单编制中的数据）； (c) 用缺省值：0.10

续表

测定步骤（如果有）	不适用
说明	
数据/参数	CF_S
单位	t/t
应用的公式编号	公式（5-8）
描述	灌木生物量中的含碳率
数据源	可采用 IPCC 缺省值：0.47 t/t
测定步骤（如果有）	不适用
说明	
数据/参数	R_S
单位	无量纲
应用的公式编号	公式（5-8）
描述	灌木和杂竹丛的根冠比
数据源	数据源从优至劣的选择次序为： （a）现有的、当地的或相似生态条件下的基于树种或树种组的数据； （b）国家水平基于树种的数据（如森林资源清查或国家温室气体清单编制中的数据）； （c）采用 IPCC 缺省值 0.4。但对于杂竹丛，可从竹林根冠比中选择
测定步骤（如果有）	不适用
说明	
数据/参数	$B_{SHRUB,eq,i}$
单位	t/hm^2
应用的公式编号	公式（5-10）
描述	达到平衡时，单位面积灌木生物量
数据源	数据源从优至劣的选择次序为： （a）现有的、当地的或相似生态条件下的基于灌木种的数据； （b）国家水平基于灌木种的数据（如森林资源清查或国家温室气体清单编制中的数据）
测定步骤（如果有）	不适用
说明	

续表

数据/参数	BU_{ty}
单位	%
应用的公式编号	公式（5-19）
描述	竹子采伐用于 ty 类竹产品利用率
数据源	数据源从优至劣的选择次序为： （a）当地基于竹产品种类和竹种的数据； （b）国家水平的基于竹产品种类和竹种的数据 （c）使用如下保守的缺省值（王小青等，2002）： • 竹材层压板：50% • 竹席、竹帘胶合板：45% • 竹材胶合板：35% • 竹地板：20% • 纸和纸产品：90% • 其他（如生产和生活工具）：50%
测定步骤（如果有）	不适用
说明	

数据/参数	LT_{ty}
单位	年
应用的公式编号	公式（5-20）
描述	ty 类竹产品的使用寿命
数据源	数据源从优至劣的选择次序为： （a）公开出版的适于当地条件和产品类型的文献数据； （b）国家水平的基于竹产品的数据； （c）如果没有上述数据，从下表选择缺省数据： 竹产品类型 / LT_{ty}：建筑 50；车船 12；纸和纸板 3；其他 3 数据源：参考下列文献确定： （a）IPCC LULUCF 优良做法指南； （b）COP 17 关于《京都议定书》第二承诺期 LULUCF 的决议； （c）白彦锋 . 2010. 中国木质林产品碳储量 . 中国林业科学研究院博士学位论文
测定步骤（如果有）	不适用
说明	

竹产品类型	LT_{ty}
建筑	50
车船	12
纸和纸板	3
其他	3

续表

数据/参数	DF_{LI}
单位	%
应用的公式编号	公式（5-21）
描述	枯落物碳储量占竹林生物量中的碳储量的百分比
数据源	见下表；数据来自发表的生物量和枯落物文献
测定步骤（如果有）	不适用
说明	

竹林类型	平均值	样本量	标准差
散生竹	5.28%	13	0.932
丛生竹	6.25%	11	0.840

数据来自发表的生物量和枯落物文献

数据/参数	F_{fire}
单位	%
应用的公式编号	公式（5-25）
描述	森林火灾风险系数
数据源	从优至劣的选择顺序： (a) 当地过去10年的年均森林火灾成灾面积占同区域森林面积的百分比； (b) 采用下表森林火灾风险系数的缺省值。

省、市、自治区	火灾风险系数	省、市、自治区	火灾风险系数
北京	0.028%	湖北	0.064%
天津	0.022%	湖南	0.088%
河北	0.016%	广东	0.043%
山西	0.063%	广西	0.104%
内蒙古	0.231%	海南	0.030%
辽宁	0.007%	重庆	0.031%
吉林	0.003%	四川	0.020%
黑龙江	0.776%	贵州	0.141%
上海	0.000%	云南	0.079%
江苏	0.088%	西藏	0.012%
浙江	0.126%	陕西	0.011%
安徽	0.027%	甘肃	0.016%
福建	0.111%	青海	0.019%
江西	0.077%	宁夏	0.016%
山东	0.012%	新疆	0.061%
河南	0.022%	全国平均	0.150%

根据1995至2005年全国林业统计资料计算

测定步骤（如果有）	不适用
说明	

续表

<table>
<tr><td>数据/参数</td><td>R_j</td></tr>
<tr><td>单位</td><td>无量纲</td></tr>
<tr><td>应用的公式编号</td><td>公式（5-27）</td></tr>
<tr><td>描述</td><td>竹林生物量的根冠比</td></tr>
<tr><td>数据源</td><td>数据源从优至劣的选择次序为：
（a）现有的、当地的或相似生态条件下的基于竹种或竹种组的数据；
（b）从下表中的缺省参数中选择：
<table>
<tr><th>竹子类型</th><th>种类</th><th>平均值</th><th>样本数</th><th>标准差</th></tr>
<tr><td>散生竹</td><td>所有散生竹</td><td>0.707</td><td>71</td><td>0.065</td></tr>
<tr><td></td><td>毛竹</td><td>0.605</td><td>50</td><td>0.071</td></tr>
<tr><td></td><td>毛环竹</td><td>0.688</td><td>16</td><td>0.023</td></tr>
<tr><td>丛生竹</td><td>所有丛生竹</td><td>1.183</td><td>57</td><td>0.138</td></tr>
<tr><td></td><td>绿竹属</td><td>1.191</td><td>30</td><td>0.130</td></tr>
<tr><td></td><td>牡竹属</td><td>1.560</td><td>11</td><td>0.424</td></tr>
<tr><td>混生竹</td><td>所有混生竹</td><td>0.928</td><td>14</td><td>0.162</td></tr>
</table>
数据源：竹林生物量文献</td></tr>
<tr><td>测定步骤（如果有）</td><td>不适用</td></tr>
<tr><td>说明</td><td></td></tr>
</table>

<table>
<tr><td>数据/参数</td><td>f_j（$x_{1l,p,i,t}$，$x_{2l,p,i,t}$，$x_{3l,p,i,t}$，…）</td></tr>
<tr><td>单位</td><td>t d. m. /株</td></tr>
<tr><td>应用的公式编号</td><td>公式（5-27）</td></tr>
<tr><td>描述</td><td>竹林地上生物量方程（生物量与直径（眉径、地径）、竹龄、竹高等的相关方程）</td></tr>
<tr><td>数据源</td><td>从优至劣的选择顺序如下：
a）现有的、当地的或相似生态条件下的基于竹种或竹种组的数据；
b）按竹类（丛生、散生、混生）和竹形大小（大径竹、小径竹）从已发表的相关生物量方程中选择（如下表）：
<table>
<tr><th>竹种</th><th>方程（单位：kg/株）</th><th>地点</th><th>文献</th></tr>
<tr><td>毛竹</td><td>$W_{总}=0.3513DBH^2-2.3434DBH+9.7697$</td><td>四川长宁</td><td>何亚平等. 2007</td></tr>
<tr><td>苦竹</td><td>$W_{总}=0.2668DBH^2+0.0027DBH+0.0914$</td><td>四川长宁</td><td>何亚平等. 2007</td></tr>
<tr><td>毛竹</td><td>$W_{总}=0.2134164DBH^{-0.5805}H^{2.3131}$
$W_{地上}=0.3864951DBH^{1.6579}$</td><td>闽北</td><td>陈辉等. 1998</td></tr>
</table></td></tr>
</table>

续表

数据源	毛竹	$W_{总}=0.280\ 408\ 06DBH^{2.029\ 781\ 851}$ $W_{干}=0.108\ 720\ 76DBH^{2.343\ 767\ 592}$ $W_{枝叶}=0.794\ 066\ 26DBH^{0.851\ 338\ 077}$	黔北	巫启新.1994
	毛竹	$W_{地上}=0.092\ 5DBH^{2.081}+1.134\ 0N^{0.3054}DBH^{0.9}$	江西大岗山	聂道平.1994
	水竹	$W_{地上}=0.643\ 9DBH^{1.5373}$（单位为市斤/株） $W_{总}=0.768\ 3DBH^{1.4117}$	安徽舒城	魏泽长等.1986
	斑苦竹	$W_{地上}=0.218\ 0+0.000\ 054\ (DBH^2H)$ $W_{总}=0.837\ 8+0.000\ 091\ (DBH^2H)$	重庆	刘庆和 钟章成.1996
	肿节少穗竹	$W_{秆}=0.188\ 8DBH^{1.7668}$ $W_{枝}=0.063\ 3DBH^{1.2135}$ $W_{叶}=0.072\ 2DBH^{1.1853}$ $W_{总}=0.362\ 6DBH^{1.3836}$	福建	郑郁善等.1999
	毛环竹	$W_{地上}=0.014\ 467DBH^{0.627\ 8}H^{2.4396}$ $W_{总}=0.221\ 28DBH^{0.597\ 36}H^{2.221\ 4}$		徐道旺等.2004
	毛竹	$W_{地上}=0.157\ 4DBH^{2.3049}$		郑郁善和 洪伟.1998
	慈竹	I 龄级：$W_{地上}=e^{0.714\ 1DBH-4.2494}$ $W_{总}=0.0042\ (DBH^2H)^{0.9301}$ II 龄级：$W_{地上}=0.3804DBH^{0.7788}$ $W_{总}=0.9957+0.2758\cdot DBH$ III 龄级：$W_{地上}=0.0895\cdot DBH^{2.1569}$ $W_{总}=e^{0.3329\cdot DBH-0.2134}$ IV 龄级：$W_{地上}=1.2274+0.009\ 4\ (DBH^2H)$ $W_{总}=1.2893+0.0113\ (DBH^2H)$ V 龄级：$W_{地上}=0.6380\cdot DBH-0.8268$ $W_{总}=1.2484+0.0174\cdot\ (DBH^2H)$	重庆	苏智先和 钟章成.1991
	绿竹	$W_{地上}=0.197\ 169\cdot DBH^{2.244\ 206}$ $W_{地上}=0.194\ 103\cdot DBH^{1.687\ 679}H^{0.488\ 312}$	福建	郑郁善等.1997
	台湾桂竹	$W_{地上}=0.163\ 9\cdot DBH^{1.8990}$ $W_{地上}=0.436\ 6\cdot H^{1.3512}$ $W_{总}=0.171\ 8\cdot DBH^{1.9756}$ $W_{总}=0.139\ 2\cdot H^{1.9653}$	福建	郑郁善等.1997
测定步骤(如果有)	不适用			

续表

数据/参数	CF_{BAMBOO}
单位	t/t
应用的公式编号	公式（5-35）
描述	竹子含碳率
数据源	采用缺省值 0.47 t/t
测定步骤（如果有）	不适用
说明	

数据/参数	$SOC_{REF,i}$
单位	t C/hm^2
应用的公式编号	“CDM 造林再造林项目活动导致的土壤有机碳储量变化的估算工具”公式（5-1）和公式（5-6）
描述	分别气候区和土壤类型的原生植被条件（即非退化的、未促进的原生植被—通常为森林）下的、第 i 碳层的基准 SOC 储量
数据源	数据源从优至劣的选择次序为： （a）公开出版的与项目区条件相似的数据； （b）相关国家资源调查数据（如土壤普查、森林资源清查或温室气体国家清单）； （c）从工具中表 5-1 选择
测定步骤（如果有）	不适用
说明	

数据/参数	$f_{LU,i}$
单位	无量纲
应用的公式编号	“CDM 造林再造林项目活动导致的土壤有机碳储量变化的估算工具”公式（5-1）
描述	第 i 碳层储量变化的土地利用因子
数据源	数据源从优至劣的选择次序为： （a）公开出版的与项目区条件相似的数据； （b）相关国家资源调查数据（如土壤普查、森林资源清查或温室气体国家清单）； （c）从工具中表 5-2 和表 5-4 中选择
测定步骤（如果有）	不适用
说明	

续表

数据/参数	$f_{MG,i}$
单位	无量纲
应用的公式编号	“CDM 造林再造林项目活动导致的土壤有机碳储量变化的估算工具” 公式 (5-1)
描述	第 i 碳层储量变化的土地管理因子
数据源	数据源从优至劣的选择次序为: (a) 公开出版的与项目区条件相似的数据; (b) 相关国家资源调查数据(如土壤普查、森林资源清查或温室气体国家清单); (c) 从工具中表 5-2 和表 5-4 中选择
测定步骤(如果有)	不适用
说明	

数据/参数	$f_{I,i}$
单位	无量纲
应用的公式编号	“CDM 造林再造林项目活动导致的土壤有机碳储量变化的估算工具” 公式 (5-1)
描述	第 i 碳层储量变化的有机质输入因子
数据源	数据源从优至劣的选择次序为: (a) 公开出版的与项目区条件相似的数据; (b) 相关国家资源调查数据(如土壤普查、森林资源清查或温室气体国家清单); (c) 从工具中表 5-3 中选择
测定步骤(如果有)	不适用
说明	

5.3.6 须监测的数据和参数

须监测的数据和参数如表 5-3 所示。

表 5-3 须监测的数据和参数

数据/参数	w_i
单位	无量纲
应用的公式编号	公式 (5-32) 和公式 (5-33)
描述	第 i 项目碳层与总面积之比
数据源	野外测定
测定步骤	采用国家森林资源调查相关的技术细则、规范和标准操作程序 (SOP)
监测频率	首次核查后每 3~10 年 1 次
QA/QC 程序	采用国家森林资源调查相关的技术细则、规范中的质量保证和质量控制 (QA/QC) 程序

续表

数据/参数	$A_{p,i}$
单位	hm^2
应用的公式编号	公式（5-29）
描述	i 碳层 p 样地的面积
数据源	野外测定
测定步骤	采用国家森林资源调查相关的技术细则、规范和标准操作程序（SOP）
监测频率	首次核查后每 3～10 年一次
QA/QC 程序	采用国家森林资源调查相关的技术细则、规范中的质量保证和质量控制（QA/QC）程序

数据/参数	DBH
单位	cm 或其他长度单位
应用的公式编号	公式（5-27）
描述	通常为胸高直径或眉径，但可以是任何直径或其他测定单位，如地径、断面积等
数据源	野外测定
测定步骤	采用国家森林资源调查相关的技术细则、规范和标准操作程序（SOP）
监测频率	首次核查后每 3～10 年一次
QA/QC 程序	采用国家森林资源调查相关的技术细则、规范中的质量保证和质量控制（QA/QC）程序

数据/参数	H
单位	m 或其他长度单位
应用的公式编号	公式（5-27）
描述	竹子高度
数据源	野外测定
测定步骤	采用国家森林资源调查相关的技术细则、规范和标准操作程序（SOP）
监测频率	首次核查后每 3～10 年一次
QA/QC 程序	采用国家森林资源调查相关的技术细则、规范中的质量保证和质量控制（QA/QC）程序

续表

说明	高度可以是全竹高，也可以是主干高，取决于方程中使用的高度含义
数据/参数	*BA*
单位	年
应用的公式编号	公式（5-27）
描述	竹龄
数据源	野外测定
测定步骤	记录
监测频率	首次核查后每 3 ~ 10 年一次
QA/QC 程序	采用国家森林资源调查相关的技术细则、规范中的质量保证和质量控制（QA/QC）程序

数据/参数	*A*
单位	hm^2
应用的公式编号	（5-35）
描述	项目总面积
数据源	野外测定
测定步骤	采用国家森林资源调查相关的技术细则、规范和标准操作程序（SOP）
监测频率	首次核查后每 3 ~ 10 年一次
QA/QC 程序	采用国家森林资源调查相关的技术细则、规范中的质量保证和质量控制（QA/QC）程序

数据/参数	*T*
单位	年
应用的公式编号	公式（5-36）
描述	连续两次测定的时间间隔
数据源	记录的时间
测定步骤	不适用
说明	如果连续两次测定的时间是在 t_2 年和 t_1 年的不同时间（如在 t_1 年的 4 月份和 t_2 年的 9 月份），则间隔时间不为整数年

参考文献

陈辉，洪伟，兰斌等. 1998. 闽北毛竹生物量与生产力的研究. 林业科学，34（1）：60-64.

国家林业局. 2007. 低效林改造技术规程. 中华人民共和国林业行业标准：LY/T 1690-2007.

何亚平，费世民，蒋俊明等. 2007. 长宁毛竹和苦竹有机碳空间分布格局. 四川林业科技，28（5）：10-14.

刘庆，钟章成 . 1996. 斑苦竹无性系种群生物量结构与动态研究 . 竹类研究，(1)：51-56.
聂道平 . 1994. 毛竹林结构的动态特性 . 林业科学，30（3）：201-208.
苏智先，钟章成 . 1991. 缙云山慈竹种群生物且结构研究 . 植物生态学与地植物学学报，15（3）：240-251.
王小青，赵行志，高黎等 . 2002. 竹木复合是高效利用竹材的重要途径 . 木材加工机械，（4）：25-27.
魏泽长，武大宇，王希荣等 . 1986. 水竹人工林生物量结构的研究 . 植物生态学与地植物学学报，10（3）：190-198.
巫启新 . 1994. 贵州毛竹林类型与林分结构的研究 . 竹子研究汇刊，1983. 2（1）：112-124.
徐道旺，陈少红，杨金满 . 2004. 毛环竹笋用林生物量结构调查分析 . 福建林业科技，31（1）：67-70.
郑郁善，陈明阳，林金国等 . 1999. 肿节少穗竹各器官生物量模型研究 . 福建林学院学院，18（2）：159-162.
郑郁善，陈希英，方承等 . 1997. 台湾桂笔生物产量模型研究 . 福建林学院学报，1（1）：52-55.
郑郁善，洪伟 . 1998. 毛竹经营学 . 厦门：厦门大学出版社 .
郑郁善，梁鸿集，游兴早 . 1997. 绿竹生物量模型研究 . 竹子研究汇刊，16（4）：43-46.
CDM-EB. 2008. Report of the thirty-ninth meeting of the Executive Board：14-16.
CDM-EB. 2010. Report of the fifty-third meeting of the Executive Board：22-26.
Peter-Stanley，Hamilton，Thomas，Sjardin. 2011. Back to the Future：State of the Voluntary Carbon Markets 2012. A Report by Ecosystem Marketplace & Bloomberg New Energy Finance.

第 6 章

Chapter 6

竹林碳汇项目的开发与实践

6.1 项目概况

云南西双版纳竹林造林项目属熊猫标准造林再造林项目活动，该项目造林地点在云南省西双版纳州的景洪市、勐海县和勐腊县，造林规模为 3490.39hm^2 的龙竹林，分两年种植，2010 年种植面积 2241.31hm^2，2011 年种植面积 1249.08hm^2，已于 2011 年完成造林工作，预计在 30 年的计入期内产生 54.65 万 tCO_2e 的临时核证减排量，年均 1.82 万 tCO_2e。项目业主为云南勐象竹业有限公司。

该项目的实施有利于提高澜沧江及其支流的水土保持能力；有利于提高保护区周边森林生态系统景观的连通性，加强生物多样性保护；有利于提高森林植被，减缓解气候变化；在一定程度上，有利于增加社区收入，缓解贫困压力。

6.2 采用的方法学

6.2.1 方法学

本项目采用熊猫标准 PS-AFOLU 的“退化土地上的竹子造林方法学”(FM-001)。

6.2.2 方法学的应用条件

1）本项目造林活动是在退化土地上实施的。根据 2007 年云南省人民政府关于划分水土流失重点防治区域的公告，西双版纳州的 3 个市（县）均在 30 个重点预防保护区规定的市（县）内。项目造林活动就是在这 3 个市（县）中土地退化较为严重的地块上进行的。

实地调查表明，拟议的造林再造林项目选用的土地当前覆盖的植被主要为蕨类、禾本科杂草、散生木、灌木等，为正在退化、低生产力的荒地。

社区调查也表明拟造林地块属于正在退化的土地。通过与社区农户的访谈，了解到这些地块在历史上曾经是茂密的森林，但由于不合理的政策及人为干扰，这些土地遭遇了几次毁林活动，目前属于退化的低生产力荒地，地块上主要为蕨类、禾本科杂草、散生木、灌木等。

因此，在没有本造林项目活动时，这些退化土地将维持退化状态或碳储量稳定在低水平上。在没有人为措施的情况下，项目地将不会自然恢复到非退化的状态。

2）通过实地调查，了解到项目地块的土质多为赤红壤和非有机土。

3）通过实地调查，了解到项目地块为海拔 1200m 以上的山地，不属于湿地。

4）项目采用的竹种为当地的适生龙竹，经调查，龙竹在这些地区生长的高度大于 2m 以上，竹秆最低眉径大于 2cm。

5）根据本项目的造林技术要求，项目活动不允许漫灌。

6）由于项目活动不允许放牧，项目活动生产的饲料数量不多于基线情景。

7）项目地块周边无农户居住，项目活动不会导致村庄或家庭的移民。

8）项目情景下不采收枯落物。

9）根据项目造林技术要求，不允许全垦整地，采用沿等高线进行整地，项目活动对土壤的扰动较小。

6.2.3 确定温室气体源和库

根据本项目所采用的方法学和 PS-AFOLU 细则，本项目边界内的温室气体源和库（表 6-1 和表 6-2）。

表 6-1 温室气体排放源的选择

气体	源	考虑或不考虑	理由或解释
CO_2	木本（包括竹类）生物质燃烧	不考虑	该 CO_2 排放已在碳储量变化中考虑
	化石燃料燃烧	不考虑	根据所采用的方法学，潜在排放量可忽略不计
CH_4	木本（包括竹类）生物质燃烧	考虑	整地或森林经营过程中由于木本植被（包括竹类）生物质燃烧可引起显著的 CH_4 排放
	化石燃料燃烧	不考虑	根据所采用的方法学，潜在排放量可忽略不计
	漫灌	不考虑	项目活动不允许漫灌措施
	牲畜及其粪便	不考虑	项目情景下不允许放牧

续表

气体	源	考虑或不考虑	理由或解释
N_2O	木本（包括竹类）生物质燃烧	考虑	整地或森林经营过程中由于木本植被（包括竹类）生物质燃烧可引起显著的 N_2O 排放
	化石燃料燃烧	不考虑	根据所采用的方法学，潜在排放量可忽略不计
	施肥	不考虑	根据所采用的方法学，潜在排放量可忽略不计
	牲畜及其粪便	不考虑	项目情景下不允许放牧

表 6-2　熊猫标准（PS）项目活动边界内的碳库选择

碳库	考虑或不考虑	理由或解释
竹林地上生物量	考虑	项目活动的主要碳库
竹林地下生物量	考虑	PS 项目活动的实施将引起该碳库的增加
非林木地上生物量	不考虑	根据所采用的方法学，不考虑该碳库
非林木底下生物量	不考虑	根据所采用的方法学，不考虑该碳库
死木	不考虑	根据所采用的方法学，不考虑该碳库
枯落物	不考虑	根据所采用的方法学，不考虑该碳库
土壤有机碳	不考虑	根据所采用的方法学，不考虑该碳库
收获木产品（包括竹产品）	不考虑	由于收获产品的用途主要为造纸纸浆原料，存量时间短，不考虑该碳库。

6.3　项目边界

6.3.1　时间

项目开始日期：依据熊猫标准 AFOLU 细则和包括竹子造林的退化土地造林方法学要求，2010 年 2 月 25 日为项目开始日期。

1）项目计入期 30 年。

2）项目计入期开始日期为 2010 年 2 月 25 日。

3）项目首次监测核查时间为 2014 年，以后监测和核查间隔时间为 10 年。

6.3.2　地理边界

项目地位于云南南部西双版纳州，21°10′N ~ 22°40′N，99°55′E ~ 101°50′E，

分别涉及景洪市、勐海县和勐腊县（图 6-1 和图 6-2）。

项目地块边界的确定的步骤如下。

第一，利用不同时期的遥感卫星影像的无林地解译结果进行对比，提取符合项目标准的初选地块。第二，利用不同时期的林业基础资料，如林相图、土地利用覆盖图等进行项目初选地块的合格性评价。第三，深入现地进行实地踏查，由工作人员手持 GPS 记录各地块边界的拐点坐标。由于受地块的地势、植被覆盖等因素的限制，地块边界的拐点不可能全部获取，因此，同时进行地形图对坡勾绘，根据地块的地形特点获取其边界。第四，把加载了地块边界的地形图输入到 GIS 软件中进行数字化编辑，并把实地踏查获取的 GPS 点输入到 GIS 软件中，确定实地踏查所获取的地块边界；第五，利用 GIS 软件提取对坡地形图勾绘所获取的地块边界的拐点，实地踏查所获取的 GPS 拐点和项目初选地块，最终确定项目地块边界，并生成地块分布图。如果拐点落在初选地块边界之内，则采用 GPS 点作为项目地块边界的拐点，如果拐点落在初选地块之外，则采用初选地块边界。对初步选择的 45 个地块进行筛选，最终共确定 22 块项目地块符合熊猫标准要求，涉及景洪、勐海、勐腊共 3 个县区 8 个乡镇 16 个行政村，地块总面积 3490. 39hm^2。具体地块信息如表 6-3 所示。

表 6-3　地块信息表

市县	乡镇	村委	地块编号	地块名	面积(hm^2)	造林年份
景洪	嘎洒	曼么克	44	南糯山	84. 7	2011
		南帕	7	曼贺纳	24. 04	2011
			7	曼贺纳	9. 06	2010
	勐龙	南盆	2	曼梭腊后山	44. 6	2011
			5	曼梭腊下寨	67. 9	2010
			4	龙秋大黑山	400. 2	2010
		贺管	6	吉戛莆希山	83. 5	2010
		帮飘	1	红光后山	86. 09	2011
			1	红光后山	417. 81	2010
小计					1217. 90	

续表

市县	乡镇	村委	地块编号	地块名	面积(hm²)	造林年份
勐海	格朗和	帕真	16	尔东山	104.6	2011
			9	接布点各角南面	148.5	2011
		帕沙	15	雷达山	314.7	2010
	布朗山	曼果	11	曼　歪	74.89	2010
		班章	14	欧毕各角	163.82	2011
		勐昂	12	卫　东	97.95	2010
	勐宋	大安	30	大　安	128.9	2010
		蚌岗	28	大尖山	262.73	2011
			29	三更地	106.2	2011
	勐混	贺开	20	贺　开	202.4	2010
			21	班　盆	42.9	2010
	西定乡	南楞	24	巴　夜	55.8	2010
		旧过	31	旧　过	345.3	2010
小计					2048.69	
勐腊	易武	倮德	40	塔桂山	195.6	2011
			39	冬瓜林	28.2	2011
小计					223.8	
合计					3490.39	

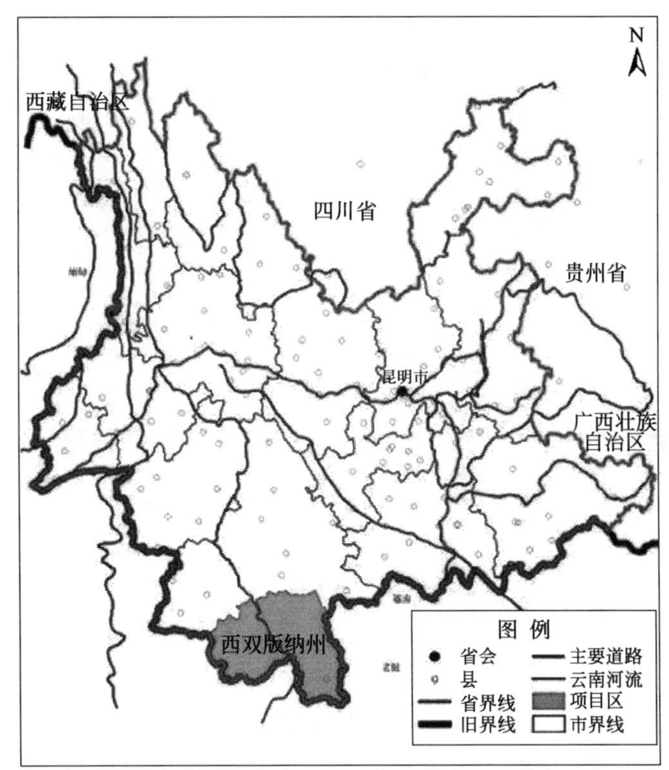

图 6-1　项目地示意图

图6-2　项目土地利用现状图

6.3.3　项目环境情况

(1) 气象情况

项目范围内的气候资源优越，代表光、热、水条件的气象要素平均值大致为（表6-4）。

表6-4　调查地区气象要素一览表

地点	年平均气温(℃)	1月平均气温(℃)	≥18℃积温(℃)	极端最低气温(℃)	年降雨量(mm)	年平均相对湿度(%)	年日照(h)
勐海	18.1	11.5	4283.1	-5.4	1308.0	82.0	2041.9
景洪	21.9	15.7	6365.4	2.7	1157.3	82.0	2194.7
勐腊	21.1	15.3	5870.4	0.5	1561.8	86.0	1871.3

(2) 土壤特性

西双版纳的土壤类型主要有赤红壤、红壤、砖红壤、黄壤、黄棕壤及紫色土。赤红壤分布在海拔800～1500m的低山地带或中低山（浅切割）盆地丘陵区，面积1752.11万亩，占全州土地总面积的59.3%，是州内面积最大的土壤类型；红壤分布在海拔1500～2000m的山地，共246万亩，占全州土地总面积的8.3%。

(3) 植被情况

西双版纳全州分布的天然植被可划分为8个植被型、12个植被亚型。其地带性植被为热带雨林和季雨林，在空间分布上呈现水平地带性分布规律和垂直地带性分布规律。从垂直分布来看，海拔 800（1100）m 以下，因水湿条件的差异交错分布有以望天树、版纳青梅、绒毛番龙眼和干果榄仁为代表种类的热带季节雨林；以四数木、多花白头树等为代表的热带季雨林；以盆架树、山韶子、云南红厚壳、单室茱萸属种类为代表种类的热带山地雨林。海拔 1000 ~ 1600m 主要植被类型为以壳斗科、樟科、山茶科和大戟科树种为优势的季风常绿阔叶林和以思茅松为优势树种的暖性针叶林。海拔 1600 ~ 1900m 主要植被类型为以旱冬瓜、西南桦、麻栎等为优势的落叶阔叶林以及季风常绿阔叶林。海拔 1900m 以上区域的主要植被类型是以粗壮琼楠等为优势的苔藓常绿阔叶林。

（4）水文情况

西双版纳地区河流均属澜沧江水系。澜沧江是湄公河的主流，由思茅地区小橄榄坝进入西双版纳，在本地区流程为 187.5km，由区内勐腊县南勐腊河口流出国境，进入老挝后称湄公河。区内河流众多，支流密布，共有大小河流 2761 条，多发源于无量山和怒山支脉丛中，分别为澜沧江一、二、三级支流，河网总长度为 12 177km，河网密度为 0.633km/km^2，其中集水面积在 1000km^2 以上的河流有 7 条，河长在 60km 以上的河流有 15 条，分别为：澜沧江东岸的补远江、南腊河、南满河、尚勇河、勐醒河、南昆河、勐旺河、大开河、南线河；澜沧江西岸的流沙河、南果河、南开河、南阿河、南拔河以及在国境外汇入干流的南览河。

6.3.4 项目的造林技术

拟议项目造林、再造林技术主要来自云南省林业调查规划设计院，大自然保护协会中国项目部（TNC），云南省清洁发展机制技术服务中心和中国科学院西双版纳热带植物园。这些技术主要包括培训和对拟议的熊猫标准造林再造林项目准备、执行进行质量控制，项目采用了许多新的技术和造林模式。

（1）造林技术标准

项目严格以下技术标准执行：①国家造林技术规程（GB/T 15776-2006）；

②造林作业设计规程（LY/T 1607-2003）；③流域管理技术规程（GB/T 16453. 1-16453. 6-1996）；④森林抚育规程（GB/T 15781-2009）；⑤云南省地方标准主要造林树种苗木（DB53/062-2006）；⑥育苗技术标准（LY1000-1991）。

（2）树种选择及造林进度安排

拟议项目采用本地适生竹种——龙竹（*Dendrocalamus giganteus*），项目年度造林面积如表 6-5 所示。

表 6-5 年度造林面积

年度	造林面积（hm^2）
2010	2241. 31
2011	1249. 08
合计	3490. 39

（3）种源及育苗

拟议的熊猫标准造林再造林项目所用的苗木均为就地育苗，采用埋秆重复分株繁殖育苗方法，育苗所需竹秆采自当地相似立地条件的竹秆。种苗的质量标准按云南省地方标准《主要造林树种苗木》（DB53/062-2006）执行，所有使用种苗要求达到Ⅰ级和Ⅱ级苗木标准（表 6-6）。

表 6-6 种苗等级标准

树种名称	苗木种类	苗龄（月）	苗木等级				主要控制条件	备注
			Ⅰ级苗		Ⅱ级苗			
			地径 >cm	苗高 >cm	地径 >cm	苗高 >cm		
龙竹	容器苗	12	0. 5	80	0. 3 ~ 0. 5	50 ~ 80	根系发达苗株粗壮（>2 秆）	DB53/062-2006

（4）整地

为了防止水土流失，保护现有碳库，本项目将禁止炼山和全垦整地。采用沿等高线进行块状清理，林地清理时砍除杂灌木，但保留箐沟边、山脊及山顶的原生植被，块状清理的规格为 100cm×100cm（图 6-3）。

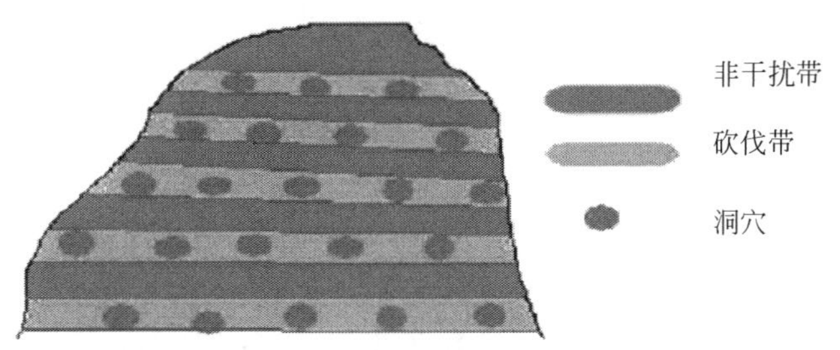

图 6-3　块状整地示意图

(5) 造林

造林活动为期两年，从 2010 年春天开始（表 6-3 和表 6-5）。造林活动尽量选择阴雨天进行，采用人工植苗的方式。造林密度按照国家生态公益林建设技术标准（GB/T 18337. 1-2001）执行。

龙竹造林密度为每公顷 250 丛，株行距 5m×8m；在种植洞穴的下坡位将修建堑壕，以起到为幼竹保水护土的作用。

造林初期，为保证较高的成活率和较好的生长状况，连续抚育 2 年，每年一次，抚育内容包括正苗、补植、中耕、除草、追肥等。造林后 6 个月进行成活率检查，如果成活率低于 85% 将使用大苗进行补植。

(6) 竹林管理

营建合理的竹林结构。拟议项目设计的初植密度为 16～18 丛/亩，丛行距为 5m×8m，成林后每亩留养健壮立竹 220～330 株。

采取留笋养竹。龙竹出笋时间大致可划分为 3 个时期，即初期（6～7 月），盛期（8～9 月），末期（10～11 月）。初期至盛期出土的竹笋肥大粗壮，长成的新竹一般比母竹高大；末期出土的竹笋一般笋体较小，成竹矮小。因此，应留 6～9 月出土的竹笋，割掉 9 月份以后出土的竹笋。

对竹林合理采伐。竹林砍伐的过程也是竹林抚育更新的过程，为实现竹林高产稳产，在砍伐时应该注意掌握好以下原则：砍老留嫩，砍伐 3 年以上及其立竹，保留 1～2 年生的立竹；采取“砍弱留壮，砍密留疏，砍内留外，砍口平地”的方式。砍伐季节全年均可，但最好选择在冬春季节。

6.4 土地合格性

按照熊猫标准（PS）的要求，土地合格性可以采用最新版本的“CDM 造林再造林项目活动的土地合格性识别工具”来证明。

中国政府对森林的定义如下：最小面积为 0.067hm^2；最小树冠盖度为 20%；最低树高为 2 m。

通过以下方式证明，项目开始时拟议的造林再造林地块为无林地：

1）实地调查表明，拟议的造林再造林项目选用的土块正如 6.2.2 节所述，项目所选的地块为退化的荒山荒地，而且仍在继续退化或稳定在一个“低碳”状态，当前土地上的植被覆盖主要为蕨类草本、零星灌木和散生木（表 6-7、图 6-4 ~ 图 6-7）。但是树冠覆盖度低于中国政府规定的森林标准。另外，在没有拟议的 PS 造林再造林项目的情况下，项目地也无法达到森林的标准。

2）由于与临近的森林距离较远，因此能传播到项目地上的种源很少，同时由于蕨类草本的覆盖和竞争优势，阻碍了散生木种子落入矿质土壤上，使天然植被的更新变为不可能。这些地块自 20 世纪 80 年代后就一直为无林地状态，也说明天然更新难以实现，无法达到中国政府定义的森林定义标准。

3）至少自 1989 年以来，本项目土地不属于由于采伐等人为原因或火灾、病虫害等间接自然原因引起的暂时的无林地。

4）根据拟造林地块的 GIS 矢量数据地块边界图，1988 年和 2008 年国家森林调的 TM 遥感图像光谱特征的图像，对拟造林地块 3 个时期的图像叠加后，显示拟造林再造林的地块没有森林覆盖。

5）通过与当地农户访谈后了解到土地利用/覆盖的历史和影响土地利用/覆盖的重要活动情况，说明拟议的 PS 造林再造林项目地块至少从 1989 年至今就一直为无林地。

综上所述，项目地块符合熊猫标准的要求。

表 6-7　当前土地利用/覆被和毁林时间

市县	乡镇	村委	地块编号	地块名	当前植被状况	毁林时间
景洪	嘎洒	曼么克	44	南糯山	草地，蕨类、禾本科杂草、散生木	20 世纪 60 年代早期
		南帕	7	曼贺纳	草地，蕨类、禾本科杂草、散生木	20 世纪 60 年代早期
	勐龙	南盆	2	曼梭腊后山	草地，蕨类、禾本科杂草、散生木	20 世纪 60 年代早期
			5	曼梭腊下寨	草地，蕨类、禾本科杂草、散生木	20 世纪 60 年代早期
			4	龙秋大黑山	草地，蕨类、禾本科杂草、散生木	20 世纪 60 年代早期
		贺管	6	吉戛莆希山	草地，蕨类、禾本科杂草、散生木	20 世纪 60 年代早期
		帮飘	1	红光后山	草地，蕨类、禾本科杂草、散生木	20 世纪 60 年代早期
勐海	格朗和	帕真	16	尔东山	草本、散生木	20 世纪 60 年代早期
			9	接布点各角南面	草本、散生木	20 世纪 60 年代早期
		帕沙	15	雷达山	草本、散生木	20 世纪 60 年代早期
	布朗山	曼果	11	曼歪	草本、散生木	20 世纪 60 年代早期
		班章	14	欧毕各角	草本、散生木	20 世纪 60 年代早期
		勐昂	12	卫东	草本、散生木	20 世纪 60 年代早期
	勐宋	大安	30	大安	草本、散生木	20 世纪 60 年代早期
		蚌岗	28	大尖山	草本、散生木	20 世纪 60 年代早期
			29	三更地	草本、散生木	20 世纪 60 年代早期
	勐混	贺开	20	贺开	草本、散生木	20 世纪 60 年代早期
			21	班盆	草地，蕨类、禾本科杂草、散生木	20 世纪 60 年代早期
	西定	南楞	24	巴夜	草地，蕨类、禾本科杂草、散生木	20 世纪 60 年代早期
		旧过	31	旧过	草地，蕨类、禾本科杂草、散生木	20 世纪 60 年代早期
勐腊	易武	倮德	40	塔桂山	草本、散生木	20 世纪 60 年代早期
			39	冬瓜林	草本、散生木	20 世纪 60 年代早期

图 6-4　项目地块土地利用现状图

图 6-5　项目地块土地利用现状图

图 6-6　项目地块土地利用现状图

图 6-7　项目地块土地利用现状图

6.5　基线情景和额外性

6.5.1　基线情景

(1) 基线情景识别

按照本项目采用的方法学要求，论证项目基线情景必须采用最新版的"CDM 造林再造林项目活动基线情景识别和额外性评估的综合工具"，根据该工具，本项目最可能的基线情景为维持土地利用现状，详见下面的 6.5.2 部分。在该基线情景下，土地的森林覆盖将继续减少，而且不会发生天然更新，因为临近的森林距离较远，能传播到项目地上的种源很少，同时由于蕨类草本的覆盖和竞争优势，阻碍了散生木种子落入矿质土壤上，使天然植被的更新变为不可能。这些地块自20世纪80年代后就一直为无林地状态，也说明天然植被更新难以实现。

如果没有PS项目活动，项目地块将继续保持退化状态或保持低水平的状态，因为项目地块是政府规定的林业用地，不允许作为其他用途使用；开展造林再造林活动需要较大前期的投入，效益较差，有较大的投资困难，项目地区农民收入较低，企业和农户很难从银行和政府获得贷款资金和援助；加上农户薪材砍伐的人为干扰。

在基线情景下，由于土地的持续退化，其非树木的生物量碳库将保持稳定或减少，因此，基线情景下的碳库变化量为没有PS项目情况下，土地碳库变化量之和。

（2）基线分层

根据PS-AFOLU项目方法学1.0版的SECTION 3基线情景中的3.2基线分层部分的方法进行基线碳层的划分。

在开展碳基线调查以前，项目业主已经在西双版纳州一市两县开展了地块基础信息调查，其中包括项目地块边界、土地利用现状、自然地理条件、植被覆盖状况等基础信息，并对各个地块进行矢量化。通过基础信息调查及地块合格性检查，初步确定项目地块22块，涉及景洪、勐海、勐腊共3个县区8个乡镇16个行政村，地块总面积3490.39hm^2。

实地调查和访问表明，3个县在气候、土壤、植被和地形等方面差异不大，植被和放牧情况是影响基线情景的主要因素，碳层划分标准主要是依据地块植被覆盖情况和土地利用方式。据此将项目地块划分为4个基线碳层。

1）有放牧草灌散碳层

植被覆盖情况为：草本+灌木+散生木；土地利用方式为放牧地。

2）无放牧草灌散碳层

植被覆盖情况为草本+灌木+散生木；土地利用方式为荒山荒地。

3）有放牧草散碳层

植被覆盖情况为草本+散生木；土地利用方式为放牧地。

4）无放牧草散碳层

植被覆盖情况为草本+散生木：土地利用方式为荒山荒地。

按照上述原则分层结果见表6-8～表6-10。

表6-8　各市县基线碳层划分概况

市/县	碳层	地块数量	地块编号	面积（hm^2）
景洪	1	2	1，6	587.39
	2	5	2，4，5，7，44	630.49
	3	0		0
	4	0		0
勐海	1	2	20，21	245.3
	2	0		0
	3	8	9,11,14,15,16,30,24,31	1336.5
	4	3	12，28，29	466.88
勐腊	1	0		0
	2	0		0
	3	1	39	28.2
	4	1	40	195.6
合计	4个碳层	22个地块		3490.39

表6-9　碳层划分的结果以及各碳层的面积

碳层号	碳层名称	地块数量	面积（hm^2）	比例（%）
1	有放牧草灌散碳层	4	832.69	23.86
2	无放牧草灌散碳层	5	630.49	18.06
3	有放牧草散碳层	9	1364.7	39.10
4	无放牧草散碳层	4	662.48	18.98
合计	4个碳层	22个地块	3490.39	100.00

表6-10　项目发生前散生木分布情况表

项目	碳层名称	面积（hm^2）	主要树种	种群	平均年龄（年）	平均胸径（cm）	平均高度（m）	平均郁闭度（%）	预测平均郁闭度（%）
BLS-Ⅰ	有放牧草灌散碳层	832.69	红木荷、余甘子、藤木	软阔	5.50	6.2	2.2	1.45%	2.7%
				硬阔	32.50	10.0			

续表

项目	碳层名称	面积（hm^2）	主要树种	种群	平均年龄（年）	平均胸径（cm）	平均高度（m）	平均郁闭度（%）	预测平均郁闭度（%）
BLS-Ⅱ	无放牧草灌散碳层	630.49	红木荷、栎类、樱桃、杨梅、余甘子、多依	软阔	9.14	7.8	3.2	0.78%	2.1%
				硬阔	8.60	7.3			
BLS-Ⅲ	有放牧草散碳层	1364.7	红木荷、栎类、西南桦、余甘子、多依	软阔	8.60	7.1	2.8	0.44%	3.9%
				硬阔	3.00	5.0			
BLS-Ⅳ	无放牧草散碳层	662.48	红木荷、栎类、桤木	软阔	6.00	6.5	2.4	0.46%	7.2%
				硬阔	8.67	7.4			

（3）基线清除或减排量

基线汇清除是在没有PS造林项目活动的情况下，项目边界内碳库中碳储量变化之和。因此，基线汇清除采用如下公式：

$$\Delta C_{BSL} = \sum_{t=1}^{t^*} \Delta C_{TREE\_BSL,\,t} \tag{6-1}$$

式中，ΔC_{BSL} 为基线汇清除量（tCO_2e）；$\Delta C_{TREE\_BSL,\,t}$ 为第 t 年时，项目边界内基线林木生物质碳储量的年变化（tCO_2e）；t 为1，2，3，… t^* 熊猫标准造林项目活动开始后的年数。

根据所选用的PS-AFOLU项目方法学1.0版的适用条件，基线汇清除量满足以下条件：①基线情景下，所有碳层非林木植被地上和地下生物量碳库的碳储量变化为0。②基线情景下枯落物和枯死木碳库不可能增加。因此，在基线情景下，所有碳层枯落物和枯死木碳库的碳储量变化为0。③基线情景下土壤有机质碳库不可能增加。因此，在基线情景下，所有碳层土壤有机质碳库的碳储量变化为0。④根据基线调查，各碳层灌木盖度均低于5%，因此，灌木生物量计为0。⑤天然更新调查结果表明，项目部分地块存在轻微的天然更新，但是通过成熟其覆盖度的保守估计表明，即使这些天然更新全部长成成树，也不能达到20%的森林覆盖度的要求。同时，由于这些具有天然更新的地块是远离种源、地面植被茂盛、枯枝落叶较厚、部分存在放牧情况的地块，没有项目引进很多天然更新是不能成活或者是长势极其不好的。其固碳量变化为0。⑥基线情景下散生木固碳量变化的计算。根据基线调查结果，所有碳层均有散生木分布，但盖度均较小，最小盖度为0.7%，最大盖度为2.4%。各散生木树龄差别较大，最小树龄为1年，最大树龄为35年。这些散生木很多都还没有达到成熟期，所以碳基线调查时应对其未来生物量作估算。

因此，基线情景下的汇清除量包括项目发生前散生木碳储量和项目发生后散生木生长的碳变化量。

1）项目发生前散生木碳储量估算

根据异速生长方程计算散生木全树生物量，计算公式如下。

$$\text{软阔树种：} W = 0.09517\,(D^2H)^{0.847291} \tag{6-2}$$

$$\text{硬阔树种：} W = 0.6131\,(D - 0.9678)^2 \tag{6-3}$$

2）项目发生后散生木碳储量变化估算

计算散生木生物量，首先基于硬阔和软阔的生长曲线估算平均材积 V，然后通过材积密度、生物量扩展因子及根茎比计算地上和地下生物量，再由碳含率及转换因子计算项目过程中散生木碳储量变化。

生长曲线方程为

$$\text{硬阔树种：} V = 0.9741(1 - e^{-0.0314 \cdot A})^{4.2366} \tag{6-4}$$

$$\text{软阔树种：} V = 1.12599/\,(1 + 9.000025/A)^{6.8837} \tag{6-5}$$

6.5.2 额外性

按照本项目采用的方法学要求，项目的额外性可以采用熊猫标准最新制定版本的“三重检验方法”或采用最新版的“CDM造林再造林项目活动基线情景识别和额外性评估的综合工具”进行论证，本项目采用后者进行额外性论证。通过以下步骤对项目的额外性和项目非基线情景进行论述。

6.5.2.1 项目活动开始日期的确定

本PS项目开始于2010年2月。可以通过《国家发展改革委关于下达2009年外国政府贷款备选项目规划第二批计划通知》（发改外资〔2009〕1738号）、《云南省发展和改革委员会关于云南省利用法国开发署贷款开展生物固碳造林和沼气建设项目可行性研究报告的批复》（云发改农经〔2010〕03号）和2010年1月，基线调查的时间记录和项目业主开始进行竹林种植的整地记录。

并且项目没有法国开发署贷款，不考虑碳汇收入是不可能进行的。

6.5.2.2 拟议 PS 项目活动土地利用情景替代方案的确定

(1) 确定可信的替代土地利用情景

1) 分析土地的历史和现在的使用（森林覆盖）变化以及影响其变化的因素

从收集到的信息表明，项目地块在1960年以前一直是森林，但20世纪60年代后，由于人为的干扰，这些土地上的森林逐步被砍伐，首先是60年代初期，由于人口的增长，当地少数民族（瓦族、基诺族、爱伲族等）的刀耕火种传统农业生产方式对其进行砍伐，70年代初期，知识青年上山下乡运动，为了粮食的需要，这些土地上的森林又被进行了第二次的砍伐，80年初期，随着国家的改革开放，土地承包政策的推行，分到林地的农户，为了尽快摆脱贫困，这些土地上的林木又被再次的砍伐，同时，为了解决生活能源，农户每年对剩下的散生木和灌木又不断地进行砍伐，因此，这些土地自1989年以来就成为了无林荒地。

2) 现场调查情况

通过对当地林业部门职工和当地村民的调查访谈表明，由于各种人为干扰，如砍树种粮，砍树发财致富，砍树解决薪材等，这些土地上的林木近几十年以来就一直在减少，特别是1989年以后，几乎就成为了无林地。土地退化严重，造成了严重的水土流失，在人为干扰的情况下，这些土地将会继续退化，水土流失会加剧，使这些土地中的碳储量会不断减少或维持在一个较低的碳储量水平上。

3) 国家（地方/行业）对土地的利用政策和规定

自从20世纪80年代以来，中国政府颁布或修改了一系列相关的林业法律法规，例如《中华人民共和国森林法实施条例》《退耕还林条例》《中华人民共和国野生动植物保护法》《保护区法》《森林防火条例》和《森林病虫害防治条例》等。90年代，中国政府出台了“谁植树、谁受益”的政策以鼓励在荒地上的造林再造林活动。拥有荒地的村集体允许与个人（或企业）签订协议，从事林业种植活动，合同期为30～50年甚至更长。在合同期内，不改变土地使用权。合同期满后，如果农户继续申请，土地使用合同还可以再延长。

为进一步促进森林资源的恢复，中国政府又启动了几个重点工程，例如退耕还林工程（2001 年启动）、重点地区速生丰产林基地建设工程（2000 年启动）、天然林保护工程（1998 年启动）、自然保护区和野生动植物保护工程（2000 年启动）等。尽管这些重点工程的总体目标都是发展林业，但这些项目都没有针对退化土地。重点地区速生丰产林基地建设工程主要着眼于有着高经济回报的丰产林（如橡胶、茶叶等经济林）。因此，没有拟议的 PS 项目活动，这些土地将不可能通过国家政策开展造林活动，其将保持继续土地退化状态，并且拟议 PS 项目活动的开展，也不会减少国家政策支持的其他造林活动。

4）拟议 PS 项目与该区域其他造林项目的相关性

从当地林业部门了解到，在西双版纳州的三个市（县）区域过去的造林项目活动，主要是以橡胶树之类的经济林木为主，并且这些橡胶林种植在海拔 1200m 以下的较好土地上，交通比较方便的区域内；政府补助的退耕还林工程则主要在距离村庄较近的区域内，因此，这些经济林和退耕还林项目与本项目（在比较边远，交通设施较差的退化土地上的）竹林种植完全不同，本 PS 造林项目活动不会影响政府补助的退耕还林工程项目和经济林造林项目在非退化土地上的造林活动。

综上分析，最可能的土地利用替代情景为以下两种方式：①拟议项目不作为 PS 项目活动开展；②保持土地继续退化利用现状。

（2）可信的替代土地利用情景与现有法律法规的一致性

根据现有法律规定，这些土地保持现状和在其退化土地上开展再造林活动均符合法律法规的要求，同时也满足未来的要求。目前这些土地作为附近农户的薪材来源会持续下去，因为地方政府没有足够的资金来补贴这些边远山区农户开展再造林活动和补贴他们的生活能源，因此，地方政府不可能做到不让农户到这些土地上砍伐薪材。

6.5.2.3 障碍分析

（1）确定至少有一种土地替代利用情景会被阻止的实施障碍

1）银行贷款困难

要想从商业银行获得贷款，用来在边远山区退化土地上开展造林再造林项目几乎是不可能的，因为在这些退化土地上开展造林再造林项目的风险高，经济效益差，商业银行是不会发放这种贷款，银行更愿意为那些风险小，经济效益好的经济林（橡胶林）发放贷款。本项目获得的法国开发署贷款则是因为项目活动作为 PS 项目活动开展，项目除了获得竹材收益外，还有碳汇的收益，增加了项目的经济收益效果。提高了项目还款能力，同时还为当地带来了社会性及经济性等诸多益处，符合贷款使用要求。

2）农户投资来源困难

由于缺少农户长期贷款发展林业的信用机制，而农业又是项目社区农户的主要经济来源，农业产品的收获受各种水灾、干旱和病虫害等自然灾害的影响，每年农民靠农产品的收入较低。社区调查显示，项目社区农户的户均收入为 2219 元（人均年收入 740 元）。许多社区农户生活在贫困线水平以下，而开展造林再造林项目活动需要较高前期投入，收益比较靠后，在这种情况下，农户无法自筹资金进行造林再造林的项目活动。

3）造林再造林项目投资效益低

在本 PS 项目活动中的业主为林业企业，属于财务独立的法人机构，依靠木材销售（国家每年有指标控制）和其他林业产品销售等，经济来源有限，因为随着人工费用的增加，企业在砍伐木材后还要恢复林地，开展再造林生产和管理等均要支出较高的费用，除此之外，企业要想从商业银行获得贷款，在退化土地上开展非碳汇造林再造林项目活动几乎是不可能的（见前面的叙述）。

（2）消除那些被确定的实施障碍阻止土地替代利用情景

综上分析，拟议项目不作为 PS 项目活动开展，面临着不可克服的障碍，因此，其不是项目的进行情景。

（3）基线情景的确定

项目基线情景为：保持土地继续退化利用现状。

6.5.2.4　常规实践分析

把西双版纳州作为项目区域考虑其普遍性。项目地块是整个西双版纳州的一小部分土地，在西双版纳州有不少的造林再造林项目活动，主要是橡胶树等经济林的造林再造林项目活动，这些经济林有较好的投资效益，但是它们不适宜在那些交通运输条件较差、海拔高于1200m的退化土地上开展，因为其经济效益较差。尽管也曾经有企业或个人在海拔1200m以上的土地上进行过橡胶种植，但由于橡胶产量低或不产胶水的原因，最后都放弃了橡胶的种植。事实也证明随着这些年物价的上涨，包括人员工资、种子、化肥和运输成本等的上涨，使投资者不愿在那些退化土地上开展产出低的造林再造林项目活动。

由于能够借助碳汇收益，在退化土地上开展造林再造林项目活动具有了一定的经济吸引力，促使项目业主可以利用法国开发署的低息贷款来开展造林再造林项目活动，以获得更多的生态效益和水土流失的效益，同时也增加碳汇储量和改善生态环境。

6.6 项目碳汇量

6.6.1 项目情景下净温室气体减排量/清除量

项目情景下净温室气体汇清除量为项目边界内碳库的碳储量变化的总和减去由于PS造林项目的实施引起的温室气体排放的增加量。根据所选用的方法学，在项目情景下非林木植被的地上和地下生物质碳储量变化可保守地假定为0。用下式计算项目实际汇清除量。

$$\Delta C_{WP} = \Delta C_P - GHG_E \tag{6-6}$$

式中，ΔC_{WP}为项目汇清除量（tCO_2e）；ΔC_P为项目边界内所选碳库中碳储量变化之和（tCO_2e）；GHG_E为由于熊猫标准造林项目的实施引起的温室气体排放的增加量（tCO_2e）。

6.6.2 碳储量变化的估计

根据所选用的方法学，采用下述方程计算项目边界内所选碳库中碳储量的变化。

$$\Delta C_P = \sum_{t=1}^{t*} \Delta C_t \tag{6-7}$$

式中，ΔC_P 为项目边界内所选碳库中碳储量变化之和（tCO_2e）；ΔC_t 为第 t 年时，项目边界内所选碳库中碳储量的变化量（tCO_2e）；t 为 1，2，3，… t^* 熊猫标准造林项目活动开始后的年数（年）；44/12 为 CO_2 与 C 的分子量比（无量纲）。

第 t 年时，项目边界内所选碳库中碳储量的变化量为

$$\Delta C_t = \Delta C_{\mathrm{BAMBOO\_PROJ},\ t} + \Delta C_{\mathrm{TREE\_PROJ},\ t} \tag{6-8}$$

式中，ΔC_t 为第 t 年时，项目边界内所选碳库中碳储量的变化量（tCO_2e）；$\Delta C_{\mathrm{BAMBOO\_PROJ},t}$ 为第 t 年时，项目情景下竹类生物质碳储量的变化（tCO_2e）；$\Delta C_{\mathrm{TREE\_PROJ},t}$ 为第 t 年时，项目情景下非竹类林木生物质碳储量的变化（tCO_2e）。采用最新版本的“CDM 造林再造林项目活动林木和灌木碳储量及其变化的估算工具”进行计算，假设项目情景下，原有散生木全部消失，计算该部分的碳储量变化的减少；t 为 1，2，3，… t^* 熊猫标准造林项目活动开始后的年数（年）。

由于采伐或自然枯损以及新竹的生长，竹林地上生物量通常在造林后 7 年达到平衡状态。因此，对于事前估计，选用方法学推荐的式（6-7）方法计算竹林生物质碳储量，即

$$\Delta C_{\mathrm{BAMBOO\_PROJ},\ t} = \sum_i \sum_j \begin{cases} A_{\mathrm{Bamboo},\ j,\ t} \cdot \dfrac{C_{\mathrm{BAMBOO}_{\mathrm{equilibrium},\ j}}}{T_{\mathrm{equilibrium},\ j}} & 当\ t_a \leqslant T_{\mathrm{equilibrium},\ j} \\ 0 & 当\ t_a > T_{\mathrm{equilibrium},\ j} \end{cases} \tag{6-9}$$

式中，$\Delta C_{\mathrm{BAMBOO\_PROJ},t}$ 为第 t 年时，项目情景下竹类生物质碳储量的变化（tCO_2e）；$A_{\mathrm{Bamboo},i,j,t}$ 为第 t 年时，第 i 碳层 j 竹种林分面积（hm^2）；$C_{\mathrm{BAMBOO}_{\mathrm{equilibrium},j}}$ 为 j 竹种林分到达平衡时的碳储量（tCO_2/hm^2）；t_a 为林龄（年）；$t_a=t-a$，其中 a 为造林发生的年份；$T_{\mathrm{equilibrium},j}$ 为 j 竹种林分到达平衡所需的时间（年）。t 为 1，2，3，…t^* 熊猫标准造林项目活动开始后的年数（年）。

根据已发表的相关文献，将生长年限不同的龙竹分为四个龄级：竹龄≤ 1 年为 I 龄级，竹龄 1 ～ 2 年为 Ⅱ 龄级，竹龄 2 ～ 3 年为 Ⅲ 龄级，竹龄>3 年为 Ⅳ 龄级；龙竹不同龄级每杆生物量（干重）预测模型为表 6-11。

表 6-11 生物量（干重）预测模型表

龄级	器官	生物量回归方程		回归系数 (R^2)	F	$F_{0.01}$
Ⅰ	茎秆	$Ws=0.102D^{2.099}$	$n=16$	0.967**	434.912	8.68
	枝	$Wb=-0.012D^2+0.306D-0.58$	$2.8\leqslant D\leqslant 16.3$	0.848**	38.918	6.51
	叶	$Wl=-0.016D^2+0.380D-0.808$		0.829**	33.840	6.51
	根	$Wr=0.045D^{1.863}$		0.902**	138.818	8.68
	总	$Wt=0.226D^{1.925}$		0.966**	419.898	8.68
Ⅱ	茎秆	$Ws=0.334D^2-2.475D+5.734$	$n=19$	0.980**	391.821	6.23
	枝	$Wb=1.292\ln(D)-0.630$	$1.97\leqslant D\leqslant 18.4$	0.812**	69.290	8.40
	叶	$Wl=0.100D+0.038$		0.823**	78.938	8.40
	根	$Wr=0.060D^2-0.398D+1.542$		0.985**	512.901	6.23
	总	$Wt=0.398D^2-2.709D+8.046$		0.986**	517.702	6.23
Ⅲ	茎秆	$Ws=0.072D^{2.331}$	$n=16$	0.975**	535.524	6.51
	枝	$Wb=1.497\ln(D)-0.877$	$1.91\leqslant D\leqslant 17.3$	0.934**	198.213	6.51
	叶	$Wl=0.118D-0.214$		0.972**	491.001	6.51
	根	$Wr=0.061D^2-0.388D+1.373$		0.980**	318.366	6.70
	总	$Wt=0.275D^{1.955}$		0.988**	1195.999	6.51
Ⅳ	茎秆	$\mathrm{Ws}=0.131D^{2.141}$	n=12	0.986**	723.974	10.04
	枝	$\mathrm{Wb}=-0.010D^2+0.365D-0.400$	$1.97\leqslant D\leqslant 16.7$	0.926**	56.283	8.02
	叶	$\mathrm{Wl}=0.091D-0.085$		0.857**	59.748	10.04
	根	$\mathrm{Wr}=0.071D^2-0.575\mathrm{D}+1.675$		0.960**	108.897	8.02
	总	$\mathrm{Wt}=0.385D^{1.820}$		0.987**	787.853	10.04

Ws、*Wb*、*Wl*、*Wr* 和 *Wt* 分别为龙竹茎秆、枝、叶、根和总生物量（kg）；*D* 为龙竹胸径（cm）；** 表示 $P<0.01$。

到达稳产期是龙竹胸径平均值为 12cm，根据企业造林标准及项目造林设计标准，立竹度为 306 秆/亩，每年收获 4 龄竹，因此假设每个龄级竹秆平均为 76.5 秆。因此计算得出每公顷生物量（干重）为 103.28t，采用 IPCC 碳含量缺省值 0.5 计算，得出每公顷碳含量为 51.64t。转化成二氧化碳当量为每公顷 189.34 tCO_2e。各年龄龙竹的碳储量见表 6-12。

表 6-15　各年龄龙竹每公顷碳储量表

年份	龙竹固碳量（tCO_2e）
1	27. 05
2	54. 10
3	81. 15
4	108. 19
5	135. 24
6	162. 29
7	189. 34

按照项目情景碳层划分为 2 个，碳层 1 的面积为 2241. 31km^2，碳层 2 面积为 1249. 08km^2，碳层 1 于 2010 年开始种植，碳层 2 于 2011 年开始种植。经过测算，项目情景下每年各碳层龙竹碳储量变化如表 6-13 所示。

表 6-13　每年各碳层龙竹碳储量变化表　（单位：tCO_2e）

年份	$\Delta C_{BAMBOO\_PROJ,t}$	碳层 1 变化量	碳层 2 变化量	合　计 变化量
2010	60 624. 40	60 624. 40	0. 00	60 624. 40
2011	94 410. 32	60 624. 40	33 785. 92	94 410. 32
2012	94 410. 32	60 624. 40	33 785. 92	94 410. 32
2013	94 410. 32	60 624. 40	33 785. 92	94 410. 32
2014	94 410. 32	60 624. 40	33 785. 92	94 410. 32
2015	94 410. 32	60 624. 40	33 785. 92	94 410. 32
2016	94 410. 32	60 624. 40	33 785. 92	94 410. 32
2017	33 785. 92		33 785. 92	33 785. 92
2018	0. 00			0. 00
2019	0. 00			0. 00
2020	0. 00			0. 00
2021	0. 00			0. 00
2022	0. 00			0. 00
2023	0. 00			0. 00
2024	0. 00			0. 00
2025	0. 00			0. 00
2026	0. 00			0. 00
2027	0. 00			0. 00

续表

年份	$\Delta C_{BAMBOO\_PROJ,t}$	碳层1 变化量	碳层2 变化量	合　计 变化量
2028	0.00			0.00
2029	0.00			0.00
2030	0.00			0.00
2031	0.00			0.00
2032	0.00			0.00
2033	0.00			0.00
2034	0.00			0.00
2035	0.00			0.00
2036	0.00			0.00
2037	0.00			0.00
2038	0.00			0.00
2039	0.00			0.00
2040	0.00			0.00
合计	660 872.25	424 370.79	236 501.45	660 872.25

6.6.3　项目边界内温室气体排放的估计（GHG_E）

拟议PS造林再造林项目实施后，项目边界内其他温室气体排放源的排放不会有显著的增加，因为：

1）拟议的PS造林再造林项目过程中的整地、间伐和主伐都由人工完成，不使用机械，因此不会产生化石燃料燃烧带来的排放。

2）整地过程中，不会采用炼山整地的方式，因此燃烧产生的温室气体排放为0 。

3）项目不使用氮肥，因此氮肥使用带来的 N_2O 排放可以不计。

4）拟议的PS造林再造林项目中不存在漫灌。

综上所述，$GHG_E=0$。

6.6.4　泄漏

根据所选用的方法学，项目活动无潜在泄漏，即

$$LK = 0$$

式中，LK 为泄漏引起的温室气体排放量（tCO_2e）。

6.6.5 不确定性

根据项目所采用的方法学要求，由于土壤有机碳、收获木产品以及枯落物和枯死木碳储量的变化相对于生物质碳储量的变化较小，可不估计其不确定性。

6.6.6 净减排量/清除量

根据方法学第五章的公式（5-14），项目的净减排量/清除量为

$$C_t = \Delta C_{wp} - \Delta C_{BSL} - \Delta C_{LK}$$

式中，C_t 为到第 t 年时项目温室气体减排量或碳汇量（tCO_2e）；ΔC_{wp} 为到第 t 年时项目情景下总的碳储量变化量与增加的温室气体排放量之差（tCO_2e）；ΔC_{BSL} 为到第 t 年时基线情景下总的碳储量变化量（tCO_2e）；ΔC_{LK} 为到第 t 年时泄漏引起的总的碳储量变化量和温室气体排放量（tCO_2e）。

6.7 社会、经济和环境效益

6.7.1 社会影响

种植业和经济作物是当地社区大部分农户家庭的收入来源，当地社区主要收入来源对资源环境的依赖程度较高，经济收入与地域条件的好坏有正相关关系，经济收入总体普遍偏低。该项目采用企业自主经营的方式，通过实施在退化土地上营造龙竹林，发展优质工业竹原料林，发展后续加工项目提供原料。项目带来的主要社会效益包括以下 7 个方面。

（1）增加收入来源

项目建设和经营期每年约需要 13 万工日劳动力，每个工日按 50～80 元计

算，每年可以为当地农民增加650万~1040万元收入。

（2）就业

项目开展后，每块造林地可以解决2名护林人员的就业，确定的项目地块有22块，该项目还将在计入期内创造44个长期工作机会。拟议的PS再造林项目需要的劳力大部分将来自当地或周边农户和社区。

（3）加强社会凝聚力

拟议的PS再造林项目将在个人、社区、林场、当地政府之间形成紧密互动关系，强化他们尤其是与少数民族社区之间的沟通形成社会和生产服务的网络。

（4）技术培训和示范

社区调查的结果显示社区农户往往在获得高质量的种源和培育高成活率的幼苗以及防治火灾、森林病虫害方面缺乏一定的技能。这也是当地社区农户营林的一个重要的障碍。拟议的PS再造林项目中，当地林业系统和农户将组织培训，帮助他们了解、评估、执行拟议的PS再造林项目中遇到的问题，比如说苗木选择、苗圃管理、整地、再造林模式和病虫害综合治理等。

（5）文化资源

在项目区没有发现文化遗产或文化保护区，所以拟议的PS再造林项目中，不会产生难以逆转的对文化遗产的破坏。另外，项目不涉及任何当地社会集会或其他精神活动，因此不会影响正常的地方集会和宗教活动。

（6）妇女和少数民族群体

该项目涉及景洪、勐海、勐腊共3个县区8个乡镇16个行政村，项目区域内有妇女为25 514人（约占总人数：48.6%），少数民族为47 034人（约占总人数：89.7%）。妇女和少数民族均积极参与项目活动，他们通过投工投劳的方式获得劳务报酬，同时也通过项目的开展得到造林技术等方面的技能培训。不过在涉及少数民族的造林区域应充分考虑民族风俗，尊重其民族文化特点，以不影响少数民族生产生活为原则。

（7）社区的影响

对没有涉及造林地块的同村村民，可以通过参加造林施工获取劳务费。社区周边生态环境改善，减少地质灾害发生的潜在威胁。但是限制村民放牧，圈养增加成本，或到更远的地方放牧，费力费时；对没有涉及造林地块的其他村村民或其他人员，可以采集竹笋，增加收入，享受生态建设带来的好处，通过参加造林施工获取劳务费，无不利影响。

6.7.2 环境影响

通过在北热带—南亚热带中低山山地河谷湿润地区上建立 3490.39hm^2 的龙竹林，提高森林覆盖率，同时将带来如下额外的环境效益。

（1）保护生物多样性和生态系统完整性

选用本土龙竹营造的森林将有助于生物多样性保护，包括：①通过提高保护区周边森林生态系统景观的连通性，加强生物多样性保护；②通过恢复造林增强森林间的连通性，森林面积的增加有助于加强受威胁物种的保护；③拟议的 PS 再造林项目为当地社区创造收入来源，这将有助于减少当地社区在保护区内进行的偷猎、薪柴采集、非法砍伐和非木材林产品采集等活动，从而降低对生物多样性的威胁。这些活动也是当前保护区管理面临的最大威胁。

（2）控制水土流失

竹林每年会产生大量的枯枝落叶层，这些枯枝具有很强的吸持水能力，吸持的水量可达自身干质量的 2～4 倍，据有关研究表明，毛竹林枯枝落叶层的平均持水率为 314%，其他丛生类竹林枯枝落叶层的平均持水率为 270%～290%，处于中国各种森林类型枯落物最大持水率的平均水平。此外，竹子具有非常发达的根系，据测定，一丛竹子可固定 6m^3 土壤。由于该项目为人工林，存在较多的人为干预，竹林持水和保土的能力已上面数据相比有一定程度的降低，但比之原有的荒地和灌木林地类型，项目区内大量种植龙竹林对于当地一些陡坡及已经出现局部水土流失的地方仍能较好地改善其生态环境，达到较好的水土保持效益。

（3）风险分析和对策

1）火灾和虫害风险。通过公司的统一管理和对当地农户和社区的技术和意识培训、加强管护和监测、建立防火带，可以降低这类风险。

2）整地。造林整地采用沿等高线带状整地方式，即沿等高线长条状翻垦造林地部分土壤，在翻垦部分之间保留一定宽度的原有植被和原状地面。带状整地尽量保留原生植被，防水土流失，改善立地条件的作用明显，预防土壤侵蚀的能力较强。因此，整地对原有土壤和植被的消极影响将十分小。

3）施肥。在合理施肥条件下，尽可能把竹叶和其他杂草返还林地。因此，化肥带来的潜在风险将被降低到最小的范围内。

4）农药。不适当的农药使用将危害自然环境，带来土壤污染、水质污染和空气污染，同时也会对野生动物产生威胁。拟议的 PS 再造林项目，对病虫害做到不大规模施用农药，推广生物天敌防治措施。因此，农药使用将十分有限。

综上所述，所有风险均不会十分显著。

6.7.3 利益相关者评论

6.7.3.1 利益相关者的评价意见收集汇总

项目利益相关者的评价意见是通过参与式乡村评估（PRA）方法取得的。项目涉及的所有村都作了相应的调查。具体的步骤如下：

1）步骤 1：2010 年 3 月 16 日，云南省科学技术情报研究院与云南勐象竹业有限公司，在西双版纳召开了云南西双版纳竹林造林项目社区调查培训会。培训会对社区调查的调查方法、调查内容以及调查时需要注意的问题等进行了具体的讲解和示范。所有参会人学习了其重要性、程序、方法，以及使用评估表格的方法。来自大自然保护协会的专家作了报告，来自云南勐象竹业有限公司的 24 名学员参与了培训。

2）步骤 2：组织评估队伍，收集相关社会经济数据，设计评估计划，并准备参与式乡村快速评估所需要的工具。

3）步骤3：各组展开参与式乡村快速评估。云南省社会科学研究院、云南省绿色环境发展基金会、西双版纳州林业局、景洪市林业局、勐海县林业局、勐腊县林业局、勐象竹业公司等组成调查小组，共计16人。分3个小组开展社区调查工作。每组都由一位专家带队，具体的评估方法包括：

A. 半结构访谈

对关键人物进行访谈，例如村长或其他深入了解当地社会经济情况、土地和森林资源、土地利用及权属情况、薪柴消耗、放牧行为、重要活动及环境状况的人员。基于这些访谈，完成当地社区资源地图、农业季节和历史活动记录。

访谈了西双版纳州项目区所涉及的共计2县1市8个乡镇16个村委会。

调查问卷在不同利益相关者中被广泛发放，包括上述农户、村庄乡镇政府、林业站、林业局和自然保护区。收集问卷并分析后，可以得到了当其社会经济、土地使用、土地权属、收入及来源、土地管理状况、意识、技术知识、偏好树种、技术和财政困难、农户参与到项目的需求。

B. 在每个村都举行了农户代表讨论会，会上首先简要介绍了PS再造林项目的概念、收益、风险、程序和特征等知识，其次全面了解了当地社区的历史当前现状和存在的问题，最后了解了农户的需求和愿望。

4）步骤4：草拟报告。

5）步骤5：举办专家参与的研讨会，讨论报告。

6）步骤6：根据专家讨论会形成的建议，进行补充调查并修改报告。

从当地农户、村庄、公司等收集上来的主要的项目利益相关者意见汇总如下：

（1）农民/社区

在访谈的过程中，部分村民对造林所能带来的碳汇效益感到难以理解，觉得可以将竹林造林所吸收的二氧化碳计量并销售获得经济利益不可思议，但都能很好地意识到项目的实施将为当地社区带来生态环境的改善，有利于保护当地环境，保护社区周边水源，项目的实施肯定能产生良好的社会和生态效益。极少部分村民对项目仍然有顾虑，担心项目不能实现预期收益。

在我们对这些概念进行介绍后，村民表示出强烈的愿望参与拟议的 PS 造林再造林项目，他们都认为可以通过该项目获得如下收益：

1）就业机会：可以不必在离家很远的地方找到工作，这样可以同时照顾到农地和牲畜。

2）通过转让荒山荒地的租赁权获得更多的收入。

3）对荒山荒地绿化后，可以改善当地环境，保护农田，减少旱灾、洪灾、滑坡和其他自然灾害。

4）通过参加技术培训，获得更多植树和森林管理方面的经验。

（2）公司的职工

拟议的 PS 再造林项目业主为云南勐象竹业有限公司，土地上种植的所用竹产品及产生的碳汇量均归云南勐象竹业有限公司所有，该企业职工非常愿意参与拟议的 PS 再造林项目。他们愿意支持其企业对这些从经济上看并不吸引人的土地投资，进行造林再造林，其原因为：

1）他们可以享有部分出售碳汇指标带来的收益，这并没有市场风险。当然还可以得到竹材产品。

2）通过法国开发署的低息贷款可以缓解项目投入的资金障碍。如果没有拟议的 PS 再造林项目，他们不可能获得商业贷款。

3）没有拟议的 PS 再造林项目，他们不会在这些贫瘠的土地上投资造林再造林活动，因为经济效益太低。

（3）其他的项目利益相关者

1）当地林业部门：景洪市、勐海县和勐腊县林业局和林业站认为该项目可以增加森林资源、改善当地环境，并增加农民收入。他们愿意为当地农户/社区和造林实体提供技术培训和咨询，并监督指导项目活动的实施。

2）当地政府：景洪市、勐腊县和勐海县乡政府认为该项目可以改善当地的经济状况，缓解贫困压力特别是在少数民族地区意义尤为显著，有利于减轻全球气候变暖、生物多样性保护和控制水土流失。所以，如果本项目开发的最佳技术措施可以辐射推广到没有参加项目的邻近地区的话，那项目意义更为深远。

6.7.3.2　如何采纳所收集到的意见报告：

参与式乡村评估调查获得的评价意见得到充分采纳，包括：①考虑了当地农民/社区喜好的竹种；②全部采用的乡土龙竹树种进行营造；③复合肥施用过程中采用挖穴施放而非撒播；④化学农药将被限制使用，病虫害更多要依靠生物机制实施控制；⑤不采用炼山整地和全垦。